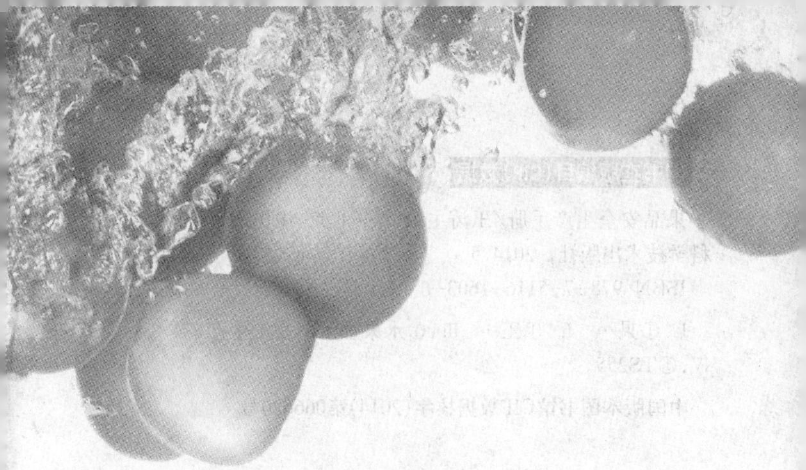

果品安全生产手册

温岭市农业林业局　组编

王　涛　主编

中国农业科学技术出版社

图书在版编目(CIP)数据

果品安全生产手册/王涛主编. —北京:中国农业科学技术出版社,2014.5

ISBN 978-7-5116-1603-6

Ⅰ.①果… Ⅱ.①王… Ⅲ.①水果加工-安全生产 Ⅳ.①TS255

中国版本图书馆CIP数据核字(2014)第066620号

责任编辑 闫庆健 范 潇
责任校对 贾晓红

出 版 者 中国农业科学技术出版社
北京市中关村南大街12号 邮编:100081
网 址 http://www.castp.cn
经 销 者 各地新华书店
印 刷 者 北京华创印务有限公司
开 本 787×1092 32开
印 张 5
字 数 88千字
版 次 2014年5月第1版 2014年7月第3次印刷
定 价 10.00元

版权所有·翻印必究

《果品安全生产手册》

编写委员会

策　　划　徐涌江

主　　编　王　涛

副 主 编　黄雪燕

编写人员　(按姓氏笔画为序)

王　涛　张一晨　陈丹霞

陈伟立　金　伟　赵冬明

徐小菊　黄雪燕　颜利荣

前言

我国是世界水果生产大国，水果种植面积和产量均居世界第一。由于我国工业的发展和农村的城市化的加速，工业“三废”和生活污水显著增加，再加上化肥、农药等投入品的不合理使用，果园生态环境污染日益严重，导致一些果品中重金属、农药残留量超标，对人体健康造成危害。随着人们生活水平的提高和出口贸易的快速发展，使果品质量安全成为水果发展新阶段亟待解决的主要问题。

为进一步普及果品标准化安全生产知识，提高和规范广大果品生产者的种植技术，提高果品质量和安全水平，我们以国家相关法规、标准为基础，参考了近几年来国内外有关果品安全生产的技术资料和研究成果，组织编写了《果品安全生产手册》。

本手册共分四章，第一章介绍了果品安全生产的意义，包括安全果品的概念、影响果品安全的主要因素、果品安全生产的监控与意义；第二章果品生产关键技术是全书的重点，详尽介绍了生态建园技术、绿色防控技术、平衡施肥技术、果园生草技术、果实套袋技术和采后处理技术等果品安全生产的6大关键技术；第三章为果树标准化生产技术，介绍了包括柑橘、杨梅、葡萄、梨、桃、枇杷等6种果树的标准化生产技术；第四章为安全果品的认证与要求，分别介绍了无公害果品、绿色果品和有机果品的认证条件、要求和相关申报程序。

本手册以果品安全生产为切入点，以推广实用技术、指导果品安全生产为出发点，围绕目前果品生产上存在的质量安全问题，以百问百答的形式介绍了果品安全生产中存在的诸多疑问和技术要点，体现了对果品安全生产的实际指导性。本书以广大果品生产者为读者对象，也供相关果树技术人员参考。由于我们水平所限，加上时间仓促，书中错漏和不当之处在所难免，敬请广大读者批评指正。

目录

第一章　果品安全生产的意义

第二章　果品安全生产关键技术

第三章 果树标准化生产技术

第四章　安全果品的认证与要求

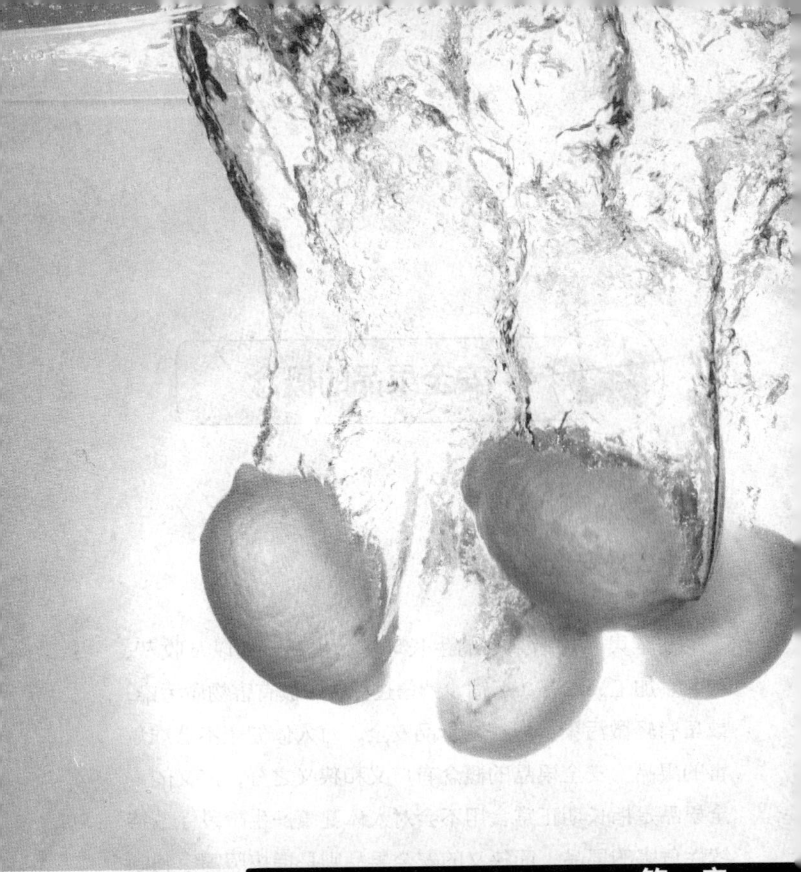

第一章

果品安全生产的意义

安全果品是指果树的生长环境、生产过程以及收获、包装、加工、贮存、运输、销售过程中未被有害物质污染，或虽有轻微污染，但符合食品安全、对人体健康不造成危害的果品。提高果品安全水平，对保障广大消费者的身体健康，提高我国果品在国际市场上的竞争力，促进果业可持续发展均具有重要意义。

安全果品的概念

◎ 什么是安全果品？

安全果品是指果树的生长环境、生产过程以及收获、包装、加工、贮存、运输、销售过程中未被有害物质污染，或虽有轻微污染，但符合食品安全、对人体健康不造成危害的果品。安全果品的概念有广义和狭义之分，广义的安全果品是指长期正常食用不会对人体健康产生阶段性或持续性危害的果品，而狭义的安全果品则是指按照国家强制标准和要求生产，符合营养、卫生等各方面标准的果品。

随着生活水平的逐步提高，人们对果品安全的要求也越来越高。果品安全和安全果品两者之间是相互依存的，果品安全是安全果品的基础条件，安全果品是果品安全的最终体现。只有严格依照果品安全生产技术规范，推广果品安全生产配套技术，才能实现果品的质量安全。

安全果品包括无公害果品、绿色果品和有机果品。安全是这三类果品突出的共性，它们从种植、收获、加工、贮藏及运输过程中都采用了无污染的工艺技术，实行了从土地到餐桌的全程质量控制，保证了果品的安全性。

不安全果品，是指有证据证明对人体健康已经或者可能造成危害的果品。主要包括：

（1）含有国家禁止使用的农药或者其他化学物质的果品；

（2）农药残留或者含有的重金属等有毒有害物质不符合农产品质量安全标准的果品；

（3）含有的致病性寄生虫、微生物或者生物毒素不符合农产品质量安全标准的果品；

（4）使用的保鲜剂、防腐剂、添加剂等材料不符合国家有关强制性的技术规范的果品；

（5）在不符合安全果品生产的生态环境下生产的果品；

（6）其他不符合农产品质量安全标准的果品。

◎ 什么是无公害果品？

无公害果品（图1-1）是指产地环境符合无公害果品的生态环境质量，生产过程符合规定的果品质量标准和规范，有毒有害物质残留量控制在安全质量允许范围内，执行

图1-1　无公害农产品标识

环境质量、生产技术、产品质量标准，经专门机构认定，许可使用无公害农产品标识的未经加工或者初加工的果品。

无公害果品的定位是保障消费安全、满足公众需求，保证人们对果品质量安全最基本的需要，是最基本的市场准入条件。严格来讲，无公害果品应当是普通果品都应达到的一种基本要求。

◎ 什么是绿色果品？

绿色果品是指在生态环境质量符合规定标准，遵循可持续发展原则，按照绿色生产方式生产，经专门机构认定和许可，使用绿色食品标志的无污染的安全、优质、营养类果品（图1-2）。可持续发展原则的要求是生产的投入量和产出量保持平衡，既要满足当代人的需要，又要满足后代人同等发展的需要。绿色果品在生产方式上对农业以外的能源采取适当的限制，以更好地发挥生态功能的作用。

图1-2　A级绿色食品标识

根据中国绿色食品发展中心规定，绿色果品分为A级和AA级两类。

A级绿色果品是指在生态环境质量符合规定标准的产地，生产过程中严格按绿色食品生产资料使用准则和生产操作规程要求，限量使用限定的化学合成物质，并积极采用生物学技术和物理方法，保证产品质量符合绿色果品产品标准要求，经专门机构认定，许可使用A级绿色食品标志的果品。

AA级绿色果品是指在环境质量符合规定标准的产地，生产过程中不使用任何有害化学合成物质，按特定的操作规程生产、加工，产品质量及包装经检测、检验符合特定标准，并经专门机构认定，许可使用AA级有绿色食品标志的产品。

◎ 什么是有机果品？

有机果品是指根据有机农业原则和有机果品生产方式及标准生产加工的，并通过独立的有机食品认证机构认证的果品（图1-3）。有机果品是一类真正源于有机农业生产体系的富营养、高品质、纯天然的环保型安全果品，也可称为“生态果品”。有机农业的原则是在农业能量的封闭循环状态下生产，全部过程都利用农业资源，而不是利用农业以外的能源（化肥、农药、生长调节剂和添加剂等）影响和改变农业的能量循环。有机农业生产方式是利用动物、植物、微生物和土壤4种生产因

图1-3　有机产品标识

素的有效循环，不打破生物循环链的生产方式。

有机果品需要符合以下条件：一是原料必须来自于已建立的或正在建立的有机农业生产体系，或采用有机方法采集的野生天然产品；二是产品在整个生产过程中必须严格遵循有机果品的生产、加工、包装、贮藏和运输标准；三是生产者在有机果品的生产和流通过程中，必须有完善的质量控制和跟踪审查体系，并有完整的生产和销售的档案记录；四是在整个生产过程中对环境造成的污染和生态破坏处于最小程度；五是必须通过独立的有机食品认证机构的认证。

◎ 无公害果品、绿色果品和有机果品的区别是什么？

无公害果品、绿色果品和有机果品3类果品就像一个金字塔，无公害果品是塔基，绿色果品是塔身，有机果品是塔尖，越往上其标准要求越高（图1-4）。

（1）标准不同。无公害果品的生产有严格的标准和程序，主要包括环境质量标准、生产技术标准和产品质量检验标准，经考察、测试和评定，符合标准的方可称为无公害果品。无公害果品在生产过程中允许使用限品种、限数量、限时间的安全的人工合成化学物质（农药、化肥）。绿色果品标准是由中国绿色食品发展中心组织指定的统一标准，其标准分为A级和AA级。A级标准参照发达国家食

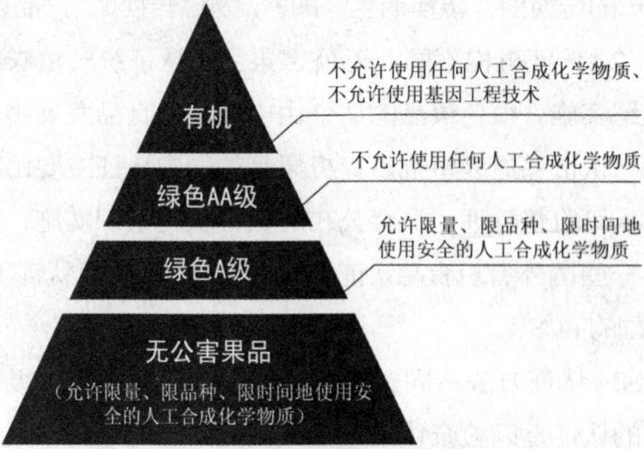

图1-4 安全果品的金字塔构造

品卫生标准和联合国食品法典委员会的标准制定，AA级的标准是根据有机果品的基本原则，参照有关国家有机食品认证机构的标准，再结合我国的实际情况而制定的。A级绿色果品产地环境质量要求评价项目的综合污染指数不超过1，在生产加工过程中，允许限量、限品种、限时间的使用安全的人工合成化学物质。AA级绿色食品产地环境质量要求评介项目的单项污染指数不得超过1，生产过程中不得使用任何人工合成的化学物质，且产品需要3年的过渡期。有机果品在不同的国家，不同的认证机构，其标准不尽相同。在我国，国家环境保护总局有机食品发展中心制定了有机产品的认证标准。有机果品在生产过程中不允许使用任何人工合成的化学物质和基因工程技术，需要3年的转换期，转换期生产的产品为“转换期”产品。

（2）认证机构不同。无公害果品的认证统一由农业部门组织实施。绿色果品的认证由中国绿色食品发展中心负责统一认证和最终审批。有机果品的国内认证主要由国家认证认可监督管理委员会公布的认证机构组织实施，另外也有一些国外有机食品认证机构在我国开展有机认证工作，如德国的BCS等。

（3）认证方法不同。在我国，无公害果品和A级绿色果品的认证是以检查认证和检测认证并重的原则，同时强调从土地到餐桌的全程质量控制，在环境技术条件的评价方法上，采用了调查评价与检测认证相结合的方式。有机果品的认证实行检查员制度，在认证方法上是以实地检查认证为主，检测认证为辅，有机果品的认证重点是农事操作的真实记录和生产资料购买及应用记录等。

影响果品安全的主要因素

◎ 果品生产环境中存在哪些主要问题？

果品生产环境中的主要问题有水土流失严重、耕地质量下降、工业及农用化学品污染严重、旱涝灾害频繁等。在这些问题中，不同地域突出矛盾不同。从果品生产来说，农业环境污染的影响关系最大。农业环境污染包括大气污染、土壤污染和灌溉水污染。

（1）大气污染。空气中的二氧化硫、氟化物、氯气、烟雾、雾气、粉尘、烟尘等气体、液体和固体粒子都会对果品的产量和品质造成很大影响。烟尘飘落到果树的叶片上，影响果树正常的光合、呼吸和蒸腾等生理作用；花期污染，影响授粉和坐果；结果期污染，还会使果实表面粗糙、木栓化，在杨梅等没有果皮的水果上尤其突出，人们食用后可产生急性或慢性中毒。

（2）土壤污染。土壤中常见的污染物主要来源于工业三废的排放，农药、化肥以及污泥、垃圾等杂肥的施用。质地较黏重的土壤对金属元素的吸收量大，容易受到工业三废中重金属元素等有害物质的污染，从而造成果品中重金属离子的超标。农药、肥料、污水的危害已被广泛宣传，但污泥、城镇垃圾和农用粉煤灰等的不合理使用，常常未受重视而被非法取用，造成土地的重金属积累超标和果品的污染。另外，随着现代农业的发展，畜禽粪便、农作物秸秆、农业塑料和生活垃圾等农业废弃物越来越多，若未能充分利用和合理转化，就成了农村的污染源，其中最严重的是畜禽粪便污染。

（3）灌溉水污染。灌溉水污染主要来源于工业废水和城市生活用水。据报道，20世纪70年代初全国年排放污水量110亿～146亿吨，目前每年废污水排放总量已高达600多亿吨，其中大部分未经处理直接排入了水体。工业废水中一般都含有大量的镉、汞、铅、铬、砷等重金属元素，是造成果园灌溉水污染的重要来源，同时也对水质较好的地表水造成了很大的污染。城市的生活污水中可溶性钠盐为主的无机盐类含量过高，长期灌溉果树，可造成土壤中钙、镁离子的流失，引起土壤盐渍化，使果树生长受抑制，叶片和植株变小或枯死。

◎ 果品生产过程中存在哪些主要问题？

（1）农药的超标超限使用。果树在喷施农药时，只有不足20%的药液附着在树体上，其余部分通过各种形式向周围环境扩散，特别是一些性能稳定、残效期长、分解后仍有毒副作用的农药，进入人体后不易排出，在人体内积累，极大危害人体健康。而且进入环境中的部分也会通过食物链达到生物富集，进而产生次生的残留毒害。我国果树病虫害综合防治水平低，重治轻防；重化学农药防治，轻农业措施、生物措施的应用；任意乱购滥喷农药，随意增加施药次数和用药剂量，导致农药残留超标，并造成果园土壤、水质污染，病虫天敌减少，果树抗药性增强，生态平衡破坏。

（2）化肥的过量使用。在土壤管理中普遍不重视科学施肥，土壤有机质严重不足，长期滥施化肥，使土壤结构、理化性能和微生物系统受到破坏。例如氮肥施入土壤后除被果树吸收利用外，还有15%~46%的氮残留在土壤中，挥发损失3%~57%，入渗损失10%~38%，氮肥有70%左右进入环境。偏施氮肥，在土壤中易产生有毒副作用的亚硝酸盐和硝酸盐，污染周边水体，同时也使果品中亚硝酸盐的含量增加，品质下降，不耐贮藏。

（3）滥用植物生长调节剂。植物生长调节剂作为农药的一种，调节作物生长发育，缩短果品成熟期，提高产量和品质，是农业现代化的重要措施之一。近年来，一些农民为追求经济效益而盲目或滥用植物生长调节剂，使得植物生长调节剂的应用领域比较混乱。特别是在反季节生产的果品中尤其突出，部分果品由于使用了植物生长调节剂出现个头增大、颜色改变、味道平淡、果形畸形等问题，已引起消费者对果品质量安全的担忧。由此导致植物生长调节剂在果品中的残留成为影响果品安全的主要因素之一。

（4）落后的栽培技术。果农对优质安全果品的生产意识比较淡薄，安全生产的自觉性不高，栽培技术相对落后，苗木检疫、果实套袋、平衡施肥和病虫害绿色防控等安全优质生产技术普及率较低，仍然存在重数量、轻质量的问题，没有实现由数量型向质量型的转型升级，更没有把果品安全放在第一位。

◎ 果品采后处理中存在哪些主要问题？

商贩在果品贮藏、运输和销售过程中超标使用防腐剂、保鲜剂，甚至使用违禁药品，以提高果品外观品质，延长保鲜期，从而获取更高的经济效益。如用稀释过的盐酸浸泡半熟甚至生荔枝，不仅外观新鲜，而且可明显延长常温保存时间；将贮藏中发生霉斑的橙子洗净晾干，然后打蜡染色，使得原本长有霉斑、灰头土脸的橙子转眼间变得又红又亮，甚至冒充进口水果。果品冷链物流作业环节由于温度控制或频繁变温的原因，可以引起微生物污染、营养成分损失和加速衰老等。另外，果品包装与果品直接接触，其材料选择得当与否，也关系到人体的身体健康，如包装纸的荧光增白剂、彩色油墨，锡纸中的铅，聚氯乙烯薄膜中的邻苯二甲酸二丁酯等，都会对人体产生毒害。

果品安全生产的监控与意义

◎ 我国果品质量安全的现状如何？

我国是农业大国，同时也是农药生产与使用大国，年使用量在80万～100万吨，居世界首位。目前，80％以上的果园病虫害防治主要依靠化学防治，已经禁用的有机磷、有机氯等高毒、高残留农药由于其价格低、药效好等原因，在生产中仍有应用。生物农药应用相对较少，几乎90％以上都是化学农药。应用化学农药年防治次数普遍不下10次，有的多达15～16次，用药种类亦在10种以上，而且大多数采用传统施药机械喷施，用量大，效率低。在如此高频率、低水平的用药背景下，势必对产地环境和果品质量安全构成较大的威胁。此外，由于污水灌溉、工业三废排放等问题，也导致土壤重金属含量增加，加重了对果品产地和产品的污染。果品中农药残留和重金属等有毒有害物质超标的问题已被多次报道。不少地方从果园土壤检测中发现了镉、铬、铅等重金属超标，并且禁用多年的DDT等农药在果园土壤中仍时有检出。

由于果品生产中大量施用化学农药和化学肥料，导致了果品及其加工品品质下降，影响到我国果品的国际信誉和进出口贸易。农药残留和重金属超标是制约我国果品与加工品参与国际市场竞争的两大主要因素。与西方发达国家相比，我国在安全果品生产和监管上都有较大的差距，在加入WTO后，西方发达国家设置的“绿色壁垒”，已成为我们必须面对的新的出口障碍。近年来，欧盟各国、美国、日本和东南亚等国家不但制定了更为严格的出口果品农药最低残留限量（MRLs）标准，而且要求提供果品产地环境有关土壤、水质中重金属的检测报告，对出口果品提出了更高的要求。

◎ 果品质量安全监控有什么对策？

（1）依法加强和规范化学投入品的经营和使用管理。严禁经营和使用高毒、高残留和剧毒农药，大力开发和应用农业防治、生物防治等病虫害绿色防控技术，减少农药对果园和果品的污染。水果产地和果农必须严格依照安全果品生产技术规范，加速推广普及果品安全生产配套技术，全面实现果品质量安全生产。

（2）加大果品质量安全监测力度，建立果品市场准入制度。全面贯彻落实《农产品质量安全法》，强化果品质量安全监测。启动果品例行监测项目，确定强制检测的农药残留种类和限量。加强全国果品质量安全普查的力度，做好果品产前、产中、产后各环节的监控，不断提高果品质量安全水平。

（3）完善果品质量标准体系。我国现行的果品标准体系由国家标准、行业标准、地方标准和企业标准4级组成。果品质量标准主要包括产品标准、重金属限量标准和农药最大残留限量标准3类。为进一步适应国际市场的需要，对现行检测方法中的最低检出标准达不到有关国家制定的最大残留限量标准的，应尽快修订国内的相应标准；对已有残留限量标准而尚未制定检验标准的，要加强检测技术和检测方法攻关，尽快制定适应国内外需要的检测标准；对某些不适应国内外对果品质量安全的滞后标准，应抓紧修改和完善。同时，还要注意做好标准化的宣传示范带动，抓好标准化工作的普及推广。

（4）建立果品安全追溯系统。食品安全追溯系统是我国食品安全监督工作中不可缺少的一部分，对食品产品进行“从农田到餐桌”的全过程追溯，建立食品安全应急处置以及召回制度已经成为全球食品产业的发展趋势。欧盟各国、美国、日本等发达国家开始纷纷要求对出口到当地的农产品必须能够进行跟踪和追溯。当发生果品安全质量事件时，通过果品安全追溯系统能够快速准确地定位发生问题环节，及时召回并防止不安全产品进一步扩散，实现果品从“果园到餐桌”整个生产链全部信息的跟踪与追溯。

◎ 生产不安全果品将承担怎样的法律责任？

如果在果品生产中使用了违禁品或管理不当，使生产的果品未达到安全果品的质量标准，对消费者产生了一系列严重后果，根据刑法有关规定，将承担以下法律责任。

（1）生产、销售不符合安全标准的食品罪。刑法第一百四十三条“生产、销售不符合安全标准的食品罪”：生产、销售不符合食品安全标准的食品，足以造成严重食物中毒事故或者其他严重食源性疾病的（包括含有严重超出标准限量的致病性微生物、农药残留、重金属、污染物质以及其他危害人体健康的物质），处三年以下有期徒刑或者拘役，并处罚金；对人体健康造成严重危害或者有其他严重情节的，处三年以上七年以下有期徒刑，并处罚金；后果特别严重的，处七年以上有期徒刑或者无期徒刑，并处罚金或者没收财产。

（2）生产、销售有毒、有害食品罪。刑法第一百四十四条“生产、销售有毒、有害食品罪”：在生产、销售的食品中掺入有毒、有害的非食品原料的，或者销售明知掺有有毒、有害的非食品原料的食品的（包括在果品种植、销售、运输、贮存等过程中使用禁用农药或者其他有毒、有害物质），处五年以下有期徒刑，并处罚金；对人体健康造成严重危害或者有其他严重情节的，处五年以上十年以下有期徒刑，并处罚金；致人死亡或者有其他特别严重情节的，依照本法第一百四十一条（生产、销售假药罪）的规定处罚。

（3）生产、销售伪劣产品罪。刑法第一百四十条“生产、销售伪劣产品罪”生产者、销售者在产品中掺杂、掺假，以假充真，以次充好或者以不合格产品冒充合格产品（包括擅自在非认证商品上使用无公害、绿色等食品安全标志），销售金额五万元以上不满二十万元的，处二年以下有期徒刑或者拘役，并处或者单处销售金额百分之五十以上二倍以下罚金；销售金额二十万元以上不满五十万元的，处二年以上七年以下有期徒刑，并处销售金额百分之五十以上二倍以下罚金；销售金额五十万元以上不满二百万元的，处七年以上有期徒刑，并处销售金额百分之五十以上二倍以下罚金；销售金额二百万元以上的，处十五年有期徒刑或者无期徒刑，并处销售金额百分之五十以上二倍以下罚金或者没收财产。

◎ 发展安全果品生产有什么现实意义？

我国是世界第一水果生产大国，至2011年末，全国果园面积为1183.1万公顷，水果总产量达到22768.2万吨。

其中，苹果、柑橘、梨、桃、荔枝、龙眼和柿产量均居世界首位。同时，我国水果出口也有了长足的发展。2011年全国主要水果出口总量为312.3万吨，出口金额达31.89亿美元。水果已成为我国继粮食、蔬菜之后的第三大作物，水果产业因此成为我国许多地方发展经济的重要支柱产业之一，同时也是我国最具国际竞争力的优势农业产业。

我国果品主要用于鲜食，属于鲜销食品，食用的安全性对人类健康状况的影响显得更为突出。果品安全在食品安全中占有非常重要的地位。

随着社会的进步和人民生活水平的提高，人们对果品安全的关注程度也越来越高，消费者对果品的需求已逐渐由“数量型”向“质量型”转变，天然、营养、安全、无污染的果品日益受到人们的青睐，追求安全健康消费已成为必然趋势。但在果品生产过程中，滥用农药、土壤重金属超标、不合理使用生长激素和非法使用添加剂等问题频繁发生，直接影响到果品的质量安全。果品安全问题已经成为制约我国果业发展的重要因素。因此，提高果品安全水平，对保障广大消费者的身体健康，提高我国果品在国际市场上的竞争力，促进果业可持续发展均具有重要意义。

发展安全果品生产既是社会发展、科技进步的具体体规，又是市场经济发展的必然产物，必将成为今后果品生产的主要方向和潮流。其依据在于：一是提高人类生活质量和保证人体营养的需要。二是开拓国际国内市场，增加果品竞争力，克服国际贸易“绿色壁垒”和国内市场准入条件的需要。三是实施农业可持续发展战略，保护农业生态环境，合理开发利用自然资源，提高经济、社会、生态三大效益的需要。四是在新形势下，尽快实现我国农村经济增长、农民增收的需要。因此，安全果品发展符合国家产业政策、有着较好的国内、国际市场需求和潜在需求，可产生巨大的滚动增值效益，安全果品事业的前景将会十分广阔。

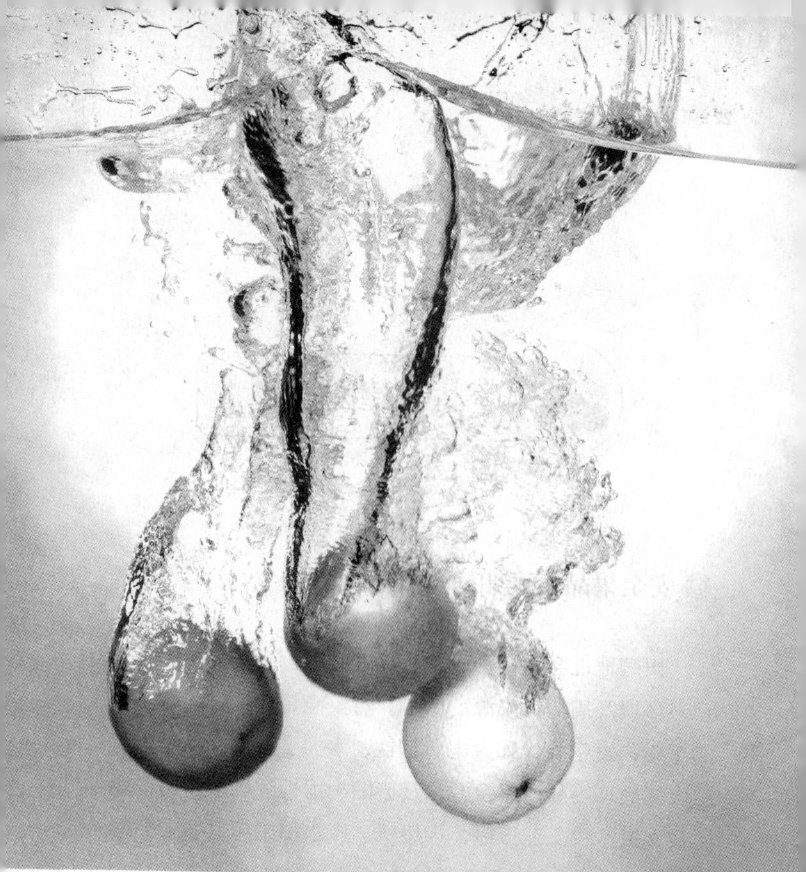

第二章

果品安全生产关键技术

果品安全生产关键技术包括生态建园、绿色防控、平衡施肥、果园生草、果实套袋和采后处理等6项技术，选择农业生态环境良好的适宜区建园是基础，绿色防控和果实套袋是减少农药施用量和果品农药残留的关键，平衡施肥和果园生草是减少化肥施用量和环境污染的关键，科学的采后处理是避免果品二次污染的保障。

生态建园技术

◎ 安全果品生产如何选择建园地址？

果园地址会直接影响到果品的安全，其中最主要的是自然环境及周边污染源的影响。污染源是指造成环境污染的污染物发生源，如火电、钢铁、水泥、石化、化工、有色金属冶炼等高污染企业以及废旧电器拆解场所。这些场所会大量产生工业三废，即废气、废水和废渣，造成严重的环境污染。

工业废气、烟尘排放后通过沉降可以直接污染土壤和果面。工业废水直接污染土壤。工业废渣中含有水溶性的污染物，如镉、汞、砷、铅、锌、铬等，经雨水淋洗直接渗入土壤，造成土壤中重金属积累严重超标，果树吸收后会在果品中积累，人们食用后将对人体健康造成很大的危害。而且重金属的污染是不可逆转的，治理难度很大。

因此，在进行果园的选址时，务必要远离这些污染源。

果树虽然在山地、砂石地和其他不适于频繁耕作的场地也能成功生产，但在良好的立地环境下更容易生长和结果。因此，选址时需要仔细观察建园地点，评估土壤、坡度、坡向、水源、霜冻、最高和最低温度、生长时间、年降水量及分布、灌溉条件、地下水位、风和空气循环方式等，选择交通便利、地形开阔、阳光充足、空气流畅且清新、水源充足、水质纯净、土壤肥沃无污染、农业生态环境质量良好的适宜区建园。

◎ 安全果品生产对产地环境有哪些具体要求？

根据《农产品安全质量 无公害水果产地环境要求》（GB/T 18407.2—2001）和《绿色食品 产地环境质量》（NY/T 391—2013）标准要求，安全果品生产基地应选择在生态环境良好，无或不受污染源影响或污染物限量控制在允许范围内，生态环境良好的农业生产区域。并对拟选址的环境，包括灌溉水、土壤、空气等进行检测和评估，确保建园环境的安全，避免由于选址不当影响果品安全和质量。

（1）灌溉水质量。水是植物赖以生存的主要因子，是组成植物体的重要成分，果树枝叶和根部的含水量约为50%，果实含水量可达90%以上。因此，果园灌溉用水必须清洁无污染，灌溉水质量指标应符合表2-1要求。

表2-1　灌溉水质量指标

项目		无公害食品指标	绿色食品指标
pH值		5.5~8.5	5.5~8.5
总汞，mg/L	≤	0.001	0.001
总砷，mg/L	≤	0.1	0.05
总铅，mg/L	≤	0.1	0.1
总镉，mg/L	≤	0.005	0.005
六价铬，mg/L	≤	0.1	0.1
氟化物，mg/L	≤	3.0	2.0
石油类，mg/L	≤	10	1.0
化学需氧量，mg/L	≤	—	60
粪大肠菌群[*]，个/L	≤	—	10 000

注：[*]除草本水果外，其他果树不测粪大肠菌群

（2）空气质量。工业废气和汽车尾气是空气污染的主要污染源，二氧化硫是对农业危害最广泛的空气污染物。安全果品生产的空气质量指标应符合表2-2要求。

表2-2　空气质量指标

项目	无公害食品指标		绿色食品指标	
	日平均[a]	1小时[b]	日平均	1小时
总悬浮颗粒物，mg/m^3	≤0.30	—	≤0.30	—
二氧化硫，mg/m^3	≤0.15	≤0.50	≤0.15	≤0.50
二氧化氮，mg/m^3	≤0.12	≤0.24	≤0.08	≤0.20
氟化物，$\mu g/m^3$	≤10	—	≤7	≤20

注：[a]日平均指任何一日的平均指标；[b]1小时指任何1小时的指标

（3）土壤质量。土壤是果树栽培的基础，果树的生长发育要从土壤中吸收水分和营养元素。所以，土壤的好坏直接关系到果品生产的产量、质量和安全。土壤质量除能满足果树对水、肥、气、热的要求外，其质量指标还应符合表2-3要求。

表2-3　土壤质量指标（mg/kg）

项目	无公害食品指标			绿色食品指标		
	pH值<6.5	pH值6.5~7.5	pH值>7.5	pH值<6.5	pH值6.5~7.5	pH值>7.5
总汞 ≤	0.30	0.50	1.0	0.25	0.30	0.35
总砷 ≤	40	30	25	25	20	20
总铅 ≤	250	300	350	50	50	50
总镉 ≤	0.30	0.30	0.60	0.30	0.30	0.40
总铬 ≤	150	200	250	120	120	120
总铜 ≤	—	—	—	100	120	120

为了促进生产者增施有机肥，提高土壤肥力，生产AA级绿色果品时，转化后的耕地土壤肥力要达到土壤肥力分级1~2级指标（表2-4）。生产A级绿色果品和无公害果品时，土壤肥力作为参考指标。

表2-4　土壤肥力分级参考指标

级别	有机质(g/kg)	全氮(g/kg)	有效磷(mg/kg)	速效钾(mg/kg)	阳离子交换量(cmol/kg)	质地
Ⅰ（优良）	>15	>1.0	>10	>120	>20	轻壤、中壤
Ⅱ（尚可）	10~15	0.8~1.0	5~10	80~120	15~20	砂壤、重壤
Ⅲ（较差）	<10	<0.8	<5	<80	<15	砂土、黏土

◎ 安全果品生产怎样选择品种？

在果树栽培品种的选择上，应从市场效益和空间、生态适应性、抗病抗逆性、品种搭配、农事操作与管理成本等多方面进行综合考虑。

（1）优先选择抗病、抗逆性强的优良品种。选择适应当地气候环境和抗病、抗逆性强的品种可以减少农药和化肥的用量，为果品安全生产奠定基础。因此，确定品种之前首先应先看品种审（认）定证书或引种报告，实地察看当地的品种展示圃或示范园，从而判断品种是否符合生态适应性要求和具有良好抗病、抗逆性，切勿盲目引种。应用的品种必须是通过省级以上农作物品种审定委员会审定的品种。

（2）优先选择无病毒容器苗。由于无病毒容器苗具有不带病毒、成活率高、生长快、管理成本低等优点，在选购果苗时尽量采用无病毒容器苗。对其他苗木，在选购种苗时，应向育苗户索取“三证”（育苗许可证、苗木合格证、植物检疫证）和签订苗木购销合同。引种苗木不能带有外来有害生物，并且要隔离试种，切不可图新鲜，给整个产业带来无穷后患。如不经过脱毒处理柑橘苗木就有可能带有柑橘黄龙病、衰退病等病毒。

（3）选择符合当地产业政策的主导产业品种。以浙江省温岭市为例，沿海地区就应选择葡萄、梨等适宜大棚促成栽培的早熟品种，以“早熟、优质、安全”为产品特点，发挥“早熟”的优势，解决“台风”的问题。而在温岭山区则应选择适应当地气候环境的名特优品种（如枇杷、杨梅、桃等），以发展特色果业。

（4）考虑品种间的合理搭配。主要从当地整个产业优势和制约条件来综合考虑早、中、晚熟品种结构，如浙江省沿海地区，气候温暖，7~9月又易受台风侵袭，产业品种结构上应突出早熟优势，采用需冷量低的早熟品种或特早熟品种进行大棚栽培，以提早上市，提高效益；内地山区发展特色果业，可把中晚熟品种作为产业的主导，果实成熟期避开梅雨季节，可提高果实品质。果树混栽，由于其生物学特性和生长习性不同，会给管理上带来不便，同时有些果树不宜混栽，如梨树和桃树混栽为梨小食心虫的发生创造条件，从而加重梨小食心虫的危害，对防治和果品安全都极为不利。因此，具体到某个果园，就应种植1~2个品种，千万不能多品种混种，建“百果园”。

◎ 果园生产怎样进行安全管理？

果品生产企业和农民专业合作社在果园生产的安全管理上应建设必要的管理设施，配备专业人员，加强劳动保护，并建立生产记录档案。

（1）工作室。园地应建有工作室，用于生产办公，室内桌椅、资料橱等配备齐全，放置有关生产管理记录表册，张贴生产技术规范、有害生物防治安全用药标准、基地管理、投入品管理等有关规章制度。

（2）基地仓库。园地应建有专用仓库，分别存放新鲜果品、农药、化肥和施药器械等。果品仓库应远离化肥、农药器械仓库。果品仓库应符合安全、卫生、通风、避光等要求，农药器械仓库内设货架，配备必要的农药配置量具、防护服、急救箱等。

（3）废物与污染物收集设施。园地应设有收集垃圾和农药包装等废物与污染物的专用设施。废容器应及时处理，不能盛装其他农药，严禁用作人、畜饮食用具，应反复冲洗后砸碎（扁）后掩埋；纸包装应烧毁或掩埋。掩埋地应远离水源和居所；焚烧农药废容器和废包装应远离居所和作物，操作人员不得站在烟雾中。

（4）排灌系统。生产应有蓄水池等洁净水源，严防污染。应建立排灌分开的供水渠道、灌溉设备维护等水源管理系统，排水沟渠应保持通畅，雨季不积水。

（5）技术人员。根据园地面积大小配备一定数量的专业技术人员，负责有害生物发生情况的调查、防治及施肥技术等指导。

（6）劳动保护。使用、处理农业化学品以及所有操作危险或者复杂设备的人员应经过正式培训，具有一定的植保知识。配制和施用农药时应穿戴必要的防护用品，严禁用手直接接触农药。施药结束后，应及时用肥皂和清水清洗身体，并更换干净衣服。

（7）标志标示。基地有关的位置、场所，应设置醒目的平面图、标志、标识。施过农药的地块要树立警示标志。

（8）生产记录。建立涵盖整个生产过程各个环节的生产记录，记载病虫害的发生和防治情况及使用农业投入品的名称、来源、用法、用量和使用、停用的日期，并保留2年以上。

◎ 什么是生态果园？

生态果园是在生态学和系统学原理的指导下，通过植物、动物和微生物种群结构的科学配置，以及园区光、热、水、土、养分和大气资源等的合理利用而建立的一种以果树产业为主导、生态合理、经济高效、环境优美、能量流动和物质循环通畅的一种能够可持续发展的果园生产体系。它是一个结构完整、功能完善、物质输出多样、生物多样性丰富的综合生产系统，这个系统能够自我调节、自我控制，无须大量农药化肥等外来投入，就能够持续、稳定、高效地输出多种农产品。在这个系统内，各组分相互协调，有益和有害生物和谐共存，经济效益、社会效益和生态效益得到了统一和提高。

发展生态果园，可以减少化肥、农药的施用量，减少对生态环境的污染，不仅关系到区域生态环境安全和农业可持续发展，而且直接关系到果品质量安全。发展生态果园有利于保证果品生产安全、节约农药化肥资源、减少环境污染、维护自然生态平衡、提升果品质量、增加农民收入。尤其是欠发达山区，劳动力资源丰富，通过发展生态果园可将这些地区的资源优势转变为市场优势，促进当地农民增收。

◎ 生态果园的基本类型有哪些？

（1）以沼气为纽带的生态果园模式。“草—畜—沼气—肥”配套模式通过种植业与养殖业诸要素的合理配置和各种投入因素的人工调控，实现“果园生草—草食畜牧—畜粪沼气—沼肥还园”的良性循环，不过多地依赖外界化肥、农药等物质的投入而达到低耗、高产、优质、低污染和改良土壤的目的。其运作特点为：果园内不使用除草剂及其他任何有毒有害农药，果树下种植优良牧草或直接将野草喂家畜，家畜的粪、尿等废弃物经沼气池发酵处理，使其污染物无害化，再作为肥料施用于果树及牧草，同时，沼气可用于煮饭、做菜、烧水、取暖等。模式优点：①充分发挥果园的空间优势，直接利用果园的野草或人工种植的优良牧草，节省了除草所需的人工和农药费用；②充分利用各环节产生的废弃物，降低经济投资；③整个模式中各环节相互利用，形成一条相互不可分割的生态链，是对资源最大限度的利用。

（2）果园种养复合模式。“果园生草—果园家禽散养—控制害虫草”种养复合模式有如下优势：①果园地面生草可在一定程度上改善果园的小气候；②因家禽有取食青草和草籽的习性，对杂草有一定的防除和抑制作用，还可吃掉果园中的部分害虫，从而减轻害虫对果树的危害，减少了农药的使用量。家禽可以捕食白蚁、金龟子、潜叶蛾、地老虎等害虫的成虫、幼虫和蛹。据不完全统计每亩果园放养40~50只成年鸡，一般能减少害虫损失5%~6%，有利果树正常生长；③禽粪中含有氮、磷、钾等果树生长所需要的营养物质，可节约果园用肥。

（3）果园立体复合套种模式。在果园内间作其他作物，既能提高土地利用率，促进生产，增加收益，又能保持水土，减少冲蚀，抑制杂草。主要立体复合套种模式有：①果—菜套种模式，适宜在果园中套种的蔬菜主要有豆科作物、生姜、食用百合等；②果—牧草套种模式，适宜草种有白三叶草、紫花、黑麦草、紫云英、田菁等；③果—菌套种模式，温岭市东晖果蔬有限公司在葡萄园中套种香菇，接种后的香菇菌棒于11月中下旬移入葡萄园，12月初开始采收，翌年3月中旬结束，香菇亩产值3500元，亩利润1500元，而且菌渣覆盖改善了葡萄园土壤结构，提高了葡萄优质果率。

（4）果树残枝的循环利用模式。果树残枝可用作土壤表面覆盖物、直接掩埋沤肥或生产食用菌等。以果树残枝当覆盖物，最好先利用粉碎机将残枝打碎，并均匀铺于土表，既可防止杂草生长，又会腐烂慢慢转变为土壤有机质。直接掩埋果树的残枝需利用曳引机或马力较大的中耕机将残枝掩埋于土壤中腐化成为土壤有机质和养分。为防止与果树争夺氮肥，掩埋时应同时施用氮肥。根据不同种类食用菌在不同果树残枝上的接种、营养配比，可将果树残枝粉碎后作为食用菌生产的基料。

（5）观光果园模式。观光果园是将果园作为观光旅游资源进行开发的一种绿色产业。以果园及果园周围的自然和环境资源为基础，对园区进行规划设计，突出果树“春花秋实”的自然美，营造一个集果品生产、观光体验、休闲旅游、科普示范、娱乐健身于一体的自然风光、人文景观、乡土风情和果品生产相融合的生态观光果园。目前较普及的是采摘观光型果园，主要通过对现有果园的适当改造，增添休闲和娱乐设施，使果园具有观光休闲、采摘品尝、果品销售等功能，最大限度地提高趣味性和游客的参与性。果园的管理上，尽量采用生物农药和有机肥料，以生产出安全、营养、无污染的优质果品，满足游客的需求。

◎怎么进行生态果园规划？

生态果园的规划可以有针对性地选择优良品种、适地适树、设置防护林、修筑梯田保持水土、果园间作套种、实行生草覆盖、发展仿生栽培、科学修剪保证果园通风透光、合理灌溉、节水栽培、兴建沼气池、堆肥沤肥促进物质转化等，从而构建起生态合理、经济高效、环境优美、能量流动和物质循环通畅、能够可持续发展的果园生产体系。根据规模和立地条件，生态果园的功能区一般可分为果树种植区、牧草种植区、畜禽养殖区、园区道路、生态住宅和庭院生态经济区、环园防护林网、水源和排灌系统等多个功能分区。

（1）果树种植区。果树种植区是生态果园的主体，是果农获得经济效益的主要源泉，一般应占园区总土地面积的90%以上。在该区需要选择适宜当地条件而又具有较高经济价值的名、特、优果树品种，按照“宽行距、窄株距”的原则栽植。根据果园面积和地势的不同，可将果树种植区规划分成若干作业小区，每个作业小区就是一个基本管理单位。山地果园地形复杂，土壤、坡度、光照等差异较大，一般以山头或坡向划分小区，小区间以道路、防护林、汇水线或分水岭为界，小区按照水土保持技术要求修筑水土保持工程。原则上一个小区内只栽种一个品种。

（2）牧草种植区。牧草种植区布置在果树行间，留足清耕带（最好覆草）后，在果树行间全部种草或其他经济作物，实行果草或果菜间作。种草面积按果树种植区面积的80%计，不另外占用土地。

（3）畜禽养殖区。畜禽养殖区布置在生态住宅和庭院生态经济区的下风一侧，可利用种植区的边角或空隙。养殖规模和占地面积根据生态果园规模大小而定，一般养殖区约占园区总土地面积的2%。养殖区附近要有充足的水源和方便饲料与粪肥运输的通道。规模较小的生态果园区也可在果园附近另设畜禽养殖区。对“草—畜—沼气—肥”配套模式的生态果园需在畜禽养殖区建造沼气池及配套设施。

（4）园区道路。园区道路布设根据生态果园规模大小和地形地貌确定，一般占园区总土地面积的5%左右。小型生态果园可以不设园区道路；中型生态果园可按“十”字形或“一”字形布设园区道路；大型生态果园应在园区内分设主干道和操作道，主干道路宽3~5米，便于大型汽车行驶。操作道宽2~3米，与主路和各功能区相连。山地果园的操作道一般沿等高线设置于山腰或山脚，坡度不超过12°；平地果园的操作道按一定距离的间隔沿垂直于树行的方向设置。生产路设置应与排灌沟及防护林系统配合。

（5）防护林网。果园防护林系统可以调节果园的生态小气候，调节温、湿度的平衡，防风固土，减轻霜冻，为果树的生长发育创造良好的生态环境。沿海滩涂果园林带，对减轻台风的危害有重要作用。山地果园防护林设置要充分考虑水土保持问题，主林带应规划在山顶、山脊以及山的丫风口处。防护林主林带要与主要危害风的风向垂直，副林带与主林带相垂直，主副林带构成林网，并与道路和水渠并列相伴设置。在防护林带靠果树一侧，应开挖至少深1米的沟（最好与排、灌沟渠的规划结合），以防其根系串入果园影响果树生长。

（6）排灌系统。灌溉系统由水源和灌溉渠（管）等构成。水源包括河水、井水、水库和塘坝水等。对缺乏水源的果园，可在果园内或果园周边的适当地段修建规模适中的贮水池，拦截与贮存地表和坡面径流水，以满足果树应急用水需要。经济条件较好的生态果园，可在果园内埋设地下供水管道，将水引入园区的各个部位，对果树实行滴灌。山地果园可在较高位置修蓄水池，尽量利用自然落差进行自流灌溉。

山地梯田或坡地果园的排水系统，对于维持梯地的牢固、减少水土流失等具有重要的作用。平地果园通过排水渠及时排出园中积水，对于维持果树生长良好的土壤环境，促进土壤中养分的分解和根系的吸收等具有重要意义。山地果园的排水系统包括拦洪沟、排水沟、背沟以及沉砂凼等。平地果园的排水系统主要防止积涝，由园内设置的较深的排水沟网构成。盐碱地果园，为防止土壤返盐，排水沟可适当深一些。

（7）生态住宅区。规模较小的生态果园可以不设该区；规模较大（100亩*以上）的生态果园，可在园区中心位置布设生态住宅和庭院生态经济区，作为经营者生活栖息和生产运筹中心。该区约占园区总土地面积的2%。

* 1公顷=15亩，1亩≈667平方米，全书同

绿色防控技术

◎ 什么是绿色防控？

绿色防控，是在2006年全国植保工作会议提出“公共植保、绿色植保”理念的基础上，根据“预防为主、综合防治”的植保方针，结合现阶段植物保护的现实需要和可采用的技术措施，形成的一个技术性概念。其内涵就是按照“绿色植保”理念，采用农业防治、物理防治、生物防治、生态调控以及科学、合理、安全使用农药的技术，达到有效控制农作物病虫害，确保农作物生产安全、农产品质量安全和农业生态环境安全，促进农业增产、增收的目的。

农药不科学的使用会大大降低果品的安全性。因此，在安全果品生产中，应采用绿色防控技术，从果园生态系统整体出发，积极保护利用自然天敌，通过栽培管理增强果树对有害生物的抵抗能力，改善和优化果园生态系统，创造一个有利于果树生长发育而不利于有害生物发生发育的环境条件。以农业防治和物理防治为基础，提倡生物防治，根据果树病虫害发生规律，科学安全地使用化学防治技术，禁用高毒、高残留化学农药，多使用生物农药，尽量减少化学农药使用量，最大限度地减轻农药对生态环境的破坏和对果品安全的影响，将病虫害造成的损失控制在经济受害允许水平以下。

◎ 绿色防控主要包括哪些技术？

（1）生态调控技术。选用抗病虫、抗逆性强的品种，采用已经检疫的无病虫危害的健壮苗木。根据不同果树品种进行合理密植，建立高光效树体结构，改善果园通风透光条件，保护地栽培还应控制好温度、湿度，适时中耕除草或覆盖地膜，平衡施肥，适时采收。生产过程中结合农田生态工程、果园生草覆盖、作物间套种、天敌诱集带等生物多样性调控与自然天敌保护利用等技术，改造病虫害发生源头及孳生环境，人为增强自然控害能力和作物抗病虫能力。

（2）生物防治技术。生物防治是利用有益生物或其他生物来抑制或消灭有害生物的一种防治方法，包括利用天敌昆虫、微生物和生物药剂，达到以虫治虫、以螨治螨、以菌治虫、以菌治菌等生物防治效果。具有不污染环境、对人和其他生物安全、防治作用持久、产品无残留、对病虫的杀伤特异性强、易于同其他植物保护措施协调配合并能节约能源等优点。

在积极利用瓢虫、草蛉等捕食性天敌和赤眼蜂、丽蚜小蜂等寄生性天敌防治果树害虫。瓢虫主要捕食蚜虫，也捕食叶螨、梨园蚧等；草蛉主要捕食蚜虫、叶螨、介壳虫及鳞翅目虫卵；赤眼蜂主要把卵产在鳞翅目害虫的卵内，幼虫以寄生的卵为食料，可防治卷叶蛾、梨小食心虫等。因此，在果园赤眼蜂成虫发生期，避免喷杀虫剂，如果必需喷药，可在两世代成虫羽化期之间喷药。

苏云金杆菌（Bt）是目前产量最大、使用最广的生物杀虫剂，对鳞翅目、鞘翅目、双翅目、膜翅目、同翅目等昆虫，以及动植物线虫、蜱螨等节肢动物都有特异性的毒杀活性，由于其具有成本低、高效安全、不伤天敌、不污染环境，可取代有机磷、菊酯类等农药，还可与昆虫生长调节剂类农药如灭幼脲3号、杀铃脲交替使用，防治鳞翅目害虫。另外，农抗120可防治果树腐烂病，多抗霉素可防治果树轮纹病、炭疽病等病害。

（3）理化诱控技术。采用昆虫信息素（性引诱剂、聚集素等）、杀虫灯、诱虫板（黄板、蓝板）防治果树害虫，积极应用植物诱控、食饵诱杀、防虫网阻隔和银灰膜驱避害虫等理化诱控技术。理化诱控技术利用害虫趋性进行诱杀，在果品安全生产中使用方便，成本低，安全，保护环境，既可监测又可防治，而且对害虫种群结构起到了调整作用，使之趋于生态平衡，虫果率降低，效果明显，是实现安全果品生产的重要措施。

频振式杀虫灯是利用害虫的趋光性，选用对害虫有极强诱杀作用的光源与波长、波段引诱害虫，并通过频振高压电网杀死害虫的一种物理杀虫工具。据各地试验统计与资料，它可诱杀果树害虫52科，约200余种害虫，对果园中的铜绿金龟子、金纹细蛾、桃小食心虫、桃蛀螟、卷叶蛾、桑天牛、吉丁虫等都有很好的诱杀效果，对降低果品农药残留、减少环境污染、保护天敌等都具有良好的效果，具有很高的推广价值。

绝大多数害虫具有潜藏越冬性，休眠时寻找理想越冬场所。果树专用诱虫带利用害虫的这一特性，人为设置害虫冬眠场所，集中诱集捕杀，可大量诱捕在树干老翘皮裂缝中越冬的多种害虫，全年可减少喷药2~3次，节约了生产成本，降低了农药残留量，也是生产安全果品的一项实用技术，可替代传统的“绑草把”等方法，达到减少越冬虫口基数，控制翌年害虫种群数量的目的。

（4）科学用药技术。选用高效、低毒、低残留、环境友好型农药，有限度地使用中毒农药，严禁使用高毒、高残留农药，严格遵守农药安全使用间隔期，推广优化集成农药的轮换使用、交替使用、精准使用和安全使用等配套技术。通过合理使用农药，最大限度降低农药使用造成的负面影响。为了减少农药的污染，除了注意选用农药品种以外，还要严格控制农药的施用量，应在有效浓度范围内尽量用低浓度进行防治；喷药次数要根据药剂的残效期和病虫害发生程度来定，不可随意提高用药剂量、浓度和次数。应从改进施药方法和施药质量方面来提高药剂对病虫害的防治效果。

◎ 安全果品生产中如何合理使用农药？

（1）对症下药。各种农药都有自己的特性及各自的防治对象，必须根据防治对象选定有防治效果的农药，做到有的放矢、对症下药。首先，要准确识别病虫害的种类，确定重点防治对象，并要根据发生期、发生程度选择合适的品种和剂型。在病害发生前选用保护剂，发生后选用治疗剂。杀虫剂中的胃毒剂防治咀嚼式口器害虫有效，防治刺吸式口器害虫无效。杀螨剂中有的专杀成螨，有的专杀幼、若螨，却不杀成螨。

在防治保护地病虫害时，根据天气状况灵活选用不同剂型的农药，晴天可选用乳油剂、可湿性粉剂、胶悬剂等喷雾，阴天要选用烟熏剂、粉尘剂熏烟或喷洒，不增加棚内湿度，减少叶露及叶缘吐水，对控制低温高湿病害有明显效果。

（2）适期适时用药。根据病虫害的发生规律，严格掌握最佳防治时期，做到适时用药。每种病虫害的发生数量要达到一定程度后，才会对植株造成经济上的损失。防治过早，会造成人力和农药的浪费，加重对果品的污染；防治过晚，就会造成防治困难以及经济上的损失。不同的农药具有不同的性能，防治适期也不一样。生物农药作用较慢，使用时间应比化学农药提前2~3天。

施药时要注意天气情况，一般在雨天、下雨前、大风天气或高温时（30℃以上）不要喷药。雨天和大风天气喷药药滴容易流失或飘散，影响药效；高温时，操作和防护不便，容易发生药害或中毒事故，保护地果园尤其要注意。

（3）轮换用药。对一种防治对象如果长期反复使用一种农药，很容易使这种防治对象对该农药产生抗性。因此，要注意交替轮换使用不同作用机制的农药，不能长期单一化，防止病原菌或害虫产生抗药性，利于保持药剂的防治效果和使用年限。果树生长前期以高效低毒的化学农药和生物农药混用或交替使用为主，生长后期以生物农药为主。

（4）选择正确喷药点或部位。施药时根据不同时期不同病虫害的发生特点确定植株不同部位为靶标，进行针对性施药，达到及时控制病虫害发生，减少病原和压低虫口数的目的，从而减少用药。例如，霜霉病的发生是由植株下部开始向上发展的，早期防治霜霉病的重点在植株下部，可以减轻植株上部染病。蚜虫、白粉虱等害虫易栖息在幼嫩叶子的背面，因此喷药时必须均匀，喷头向上，重点喷叶背面。

（5）合理混配药剂。采用混合用药方法，可达到一次施药控制多种病虫危害的目的。但农药混配要以保持原药有效成分或有增效作用，不增加对人畜的毒性并具有良好的物理性状为前提。一般各中性农药之间可以混用；中性农药与酸性农药可以混用；酸性农药之间可以混用；碱性农药不能随便与其他农药混用；微生物杀虫剂（如 Bt）不能同杀菌剂及内吸性强的农药混用；混合农药应随混随用。在使用混配有化学农药的各种生物源农药时，所混配的化学农药只能是允许限定使用的化学农药。农药混剂执行其中残留性最大的有效成分的安全间隔期。

（6）不随意加大用药量和喷药次数。农药安全使用准则和安全果品生产标准中规定了每种农药在不同果树、不同时期的用药量、用药次数、最大允许残留量和安全间隔期，在实际生产中必须严格执行，彻底改变随意加大用药量和喷药次数的落后习惯。果树喷药后一定要农药降解到无残毒时，方可收获上市。多次采摘的果树，必须做到先采收后喷药，以保证消费者的身体健康。

◎ 安全果品生产中禁止使用哪些农药？

我国农药毒性分级标准是根据农药产品对大鼠的急性毒性大小进行划分的，依据农药的致死中量大小，将农药毒性分为五级：剧毒、高毒、中等毒、低毒和微毒5级，并在农药标签上标明（表2-5）。

表2-5 农药毒性分级与标志

毒性分级	级别符号语	经口半数致死量(mg/kg)	经皮半数致死量(mg/kg)	吸入半数致死浓度(mg/m^2)	标志	标签上的描述
Ⅰa级	剧毒	≤5	≤20	≤20		剧毒
Ⅰb级	高毒	＞5～50	＞20～200	＞20～200		高毒
Ⅱ级	中等毒	＞50～500	＞200～2000	＞200～2000		中等毒
Ⅲ级	低毒	＞500～5000	＞2000～5000	＞2000～5000		
Ⅳ级	微毒	＞5000	＞5000	＞5000		微毒

按照《农药管理条例》规定，剧毒、高毒农药不得用于果品生产中。农业部第199号和第2032号公告规定了以下57种农药禁止在果品生产中使用：

六六六、滴滴涕、毒杀芬、二溴氯丙烷、杀虫脒、二溴乙烷、除草醚、艾氏剂、狄氏剂、汞制剂、砷类、铅类、敌枯双、氟乙酰胺、甘氟、毒鼠强、氟乙酸钠、毒鼠硅、甲胺磷、甲基对硫磷、对硫磷（1605）、久效磷、磷胺（大灭虫）、甲拌磷（3911）、甲基异柳磷、特丁硫磷、甲基硫环磷（甲基1605）、治螟磷（苏化203）、内吸磷、克百威（呋喃丹）、涕灭威、灭线磷、硫环磷、蝇毒磷、地虫硫磷、氯唑磷、苯线磷、三氯杀螨醇、氰戊菊酯、苯线磷、磷化钙、磷化镁、磷化锌、硫线磷、杀扑磷、灭多威（万灵）、磷化铝、氧乐果（氧化乐果）、水胺硫磷、溴甲烷、硫丹、氯磺隆、胺苯磺隆、甲磺隆、福美胂、福美甲胂、三唑磷等。

A级绿色果品生产中除严禁使用上述高毒高残留农药防治生长期和贮藏期的病虫害外，还禁止使用丁硫克百威、丙硫克百威、环氧乙烷、阿维菌素、克螨特、甲基胂酸锌（稻脚青）、甲基胂酸钙胂（稻宁）、甲基胂酸铵（田安）、三苯基醋锡（薯瘟锡）、三苯基氯化锡、三苯基羟基锡（毒菌锡）、氯化乙基汞（西力生）、醋酸苯汞（赛力散）、五氯硝基苯、稻瘟醇（五氯苯甲醇）、草枯醚、乙拌磷、灭克磷（益收宝）、克线丹等化学农药。

AA级绿色果品和有机果品生产中禁止使用任何有机合成农药。

◎ 安全果品生产中允许使用哪些农药？

安全果品（有机果品除外）生产中允许有限制地使用限定的化学农药，使果品内的有毒残留量不超过国家卫生允许标准，且在人体中的代谢产物无害，容易从人体内排除，对天敌杀伤力小。允许使用的农药品种主要是通过国家有关部门登记批准的高效低毒低残留的生物源农药、矿物源农药和有机合成农药，其选用品种、使用次数、使用方法和安全间隔期应按农药合理使用准则的要求执行，每种品种在果树的一个生长季中最多只能使用2～3次。

（1）生物源农药。生物源农药是指直接利用生物活体或生物代谢中产生的活性物质作为防治病虫害的农药。根据来源不同，生物源农药还分为植物源农药（除虫菊素、大蒜素）、动物源农药（昆虫性信息素、活体天敌动物）和微生物农药（农用抗生素：春雷霉素、多抗霉素、井冈霉素、农抗120、浏阳霉素、华光霉素等，活体微生物农药：苏云金杆菌、绿僵菌等）3类。

（2）矿物源农药。矿物源农药是指有效成分来源于矿物的无机化合物和石油类农药，包括无机杀螨杀菌剂（硫制剂：石硫合剂、硫悬浮剂等，铜制剂：硫酸铜、氢氧化铜、波尔多液、王铜等）和矿物油乳剂（柴油乳剂等）。

（3）有机合成农药。有机合成农药是指由人工研制合成，并由有机化学工业生产的商品化的一类农药，包括中等毒和低毒类杀虫杀螨剂、杀菌剂、除草剂和植物生长调节剂。有机合成农药要求按国家有关技术要求执行，不得超过农药登记批准的使用范围使用，并需严格执行相关规定控制施药量与安全间隔期。

安全果品生产建议使用农药及其防治对象、安全间隔期和允许最大残留量见附表。

◎什么是农药的安全间隔期？

农药安全间隔期，是指作物最后一次施药至收获时所规定的安全（农药残留量降到最大允许残留量）间隔天数，即收获前禁止使用农药的天数。大于安全间隔期施药，果品中的农药残留量不会超过规定的允许残留限量，可以保证果品的安全。在一种农药大面积推广应用之前，为了指导安全使用，必须制定安全间隔期，这是防止农药污染包括果品在内所有农作物的重要措施，也是新农药登记时必须提供的试验资料。

在果园中施药，应严格按照标签上规定的使用量、使用次数、安全间隔期使用农药，最后一次喷药与收获之间必须大于安全间隔期。否则，一方面，容易造成果品中农药残留量超标，引起安全事件，生产者将承担责任，严重的将追究刑事责任。另一方面农药残留量超标的果品一旦被查证，经媒体宣传后，极易造成消费者恐慌心理，导致区域性果品出现滞销，出口的果品会被退回，造成极大的经济损失和品牌损失，直接影响到产业的可持续发展。

◎ 如何准确配制农药浓度？

农药的配制就是把商品农药配制成可以施用的状态，并达到准确的施用浓度。正确配制农药是安全使用农药的一个重要环节，也关系到果品安全的一项农事操作。农药配制一般要经过农药和配料取用量的计算、称（量）取、混合等几个步骤。

（1）农药取用量的计算。农药制剂取用量要根据农药制剂有效成分的含量、单位使用面积的有效成分用量和施药面积来计算。商品农药的标签和说明书上一般都标明了制剂的有效成分含量、单位使用面积的有效成分用量，有的还标明了稀释倍数。所以，要仔细阅读农药标签和说明书。

如果农药标签或说明书上注有单位使用面积上的农药制剂用量，用下列公式计算农药制剂用量：

农药制剂用量(毫升或克)=单位使用面积农药制剂用量(毫升或克/亩)×施药面积(亩)

如果农药标签上只有单位使用面积的有效成分用量，用下列公式计算农药制剂用量：

农药制剂用量(毫升或克)=单位使用面积农药制剂用量(毫升或克/亩)/制剂中有效成分含量(%)×施药面积(亩)

如果已知农药制剂要稀释的倍数，用下列公式计算农药制剂用量：

农药制剂用量(毫升或克)=要配制的药液量或喷雾器容量(毫升)/稀释倍数

(2)农药的取用。计算出制剂和配料用量后，要严格按照计算的数量称(量)取。液体药剂要用有刻度的量具，固体药剂要用秤称量。在开启农药包装称量时，操作人员应穿戴必要的防护器具。

(3)农药的配制。配制农药应在远离居住地、牲畜栏和水源的场所进行。量取好药剂和配料后，要在专用的容器里混匀。混匀时，要用工具搅拌，不得用手直接伸入药液中搅拌。药剂随配随用。配药器械一般要求专用，每次用后要洗净，不得在河流、小溪或井边冲洗。

◎ 怎样安全使用植物生长调节剂？

植物生长调节剂是用于调节植物生长发育的一类农药，对调控果树发育进程、促进插枝生根、防止落花落果、疏花疏果、形成无籽果实、增加产量、提高品质和提高抗逆力等方面都有重要的调控作用。一些栽培技术措施难以解决的问题，可以通过使用植物生长调节剂得到解决，如打破休眠、调节性别、促进开花、化学整枝、防治脱落、促进生根、增强抗性等。

（1）常用种类。目前，国外已商品化的植物生长调节剂有100多种，我国登记使用的植物生长调节剂有45种，在果品生产中广泛应用主要有3类：①生长促进剂。为人工合成的生长素类、赤霉素类和细胞分裂素类，能促进细胞分裂和伸长，新器官的分化和形成，防止果实脱落，常用的药剂有2，4-D，萘乙酸、吲哚丁酸、吲哚乙酸、赤霉素、6-苄氨基嘌呤（6-BA）、氯吡脲（吡效隆、CPPU）等；②生长延缓剂。为抑制茎顶端下部区域的细胞分裂和伸长生长，生长速率减慢的化合物，常用的药剂有多效唑、矮壮素、丁酰肼（B9）等；③乙烯释放剂。为人工合成的释放乙烯的化合物，可促进果实成熟，乙烯利是最为广泛应用的一种。

（2）安全性。植物生长调节剂是一类能够调节植物生长发育的农药，不以杀伤有害生物为目的，所以其毒性一般为低毒或微毒。正常使用情况下，植物生长调节剂会随着果实的新陈代谢逐渐降解，在果实内的残留量很低；残留在土壤中的植物生长调节剂会因雨水的淋溶、化合物的降解、微生物的分解以及作物种植或其他方面的作用而被分解。所以，在果树生产中正常使用植物生长调节剂，其残留的毒性微乎其微，对果实、人体、土壤不会产生危害。但植物生长调节剂毕竟属于农药，除赤霉素外，绝大多数是化学合成的，或多或少都有一定的毒性。按照《农药管理条例》的规定，植物生长调节剂属于农药管理范围，只有取得农药登记并获得生产许可的植物生长调节剂产品，才能进行生产、经营和使用。

（3）安全使用方法。在果品安全生产中，应按照《农药管理条例》规定，选用通过国家有关部门登记批准的种类进行科学使用。在使用过程中，应根据果树本身的生理状况、外界环境条件、栽培措施和使用目标科学使用植物生长调节剂。选用分解快、残留期短、毒性低的植物生长调节剂，并正确掌握药剂使用时期、浓度（特别重要）、次数和方法等技术，还应注意安全间隔期，严禁在临近采收期使用毒性较强或残效期较长的植物生长调节剂，以减少果品中的残留量，保障果品的质量安全。

A级安全食品生产中允许使用的植物生长调节剂包括：6-苄氨基嘌呤、超敏蛋白、赤霉酸、羟烯腺嘌呤、三十烷醇、乙烯利、吲哚丁酸、芸薹素内酯、2，4-D、矮壮素、多效唑、氯吡脲、萘乙酸、噻苯隆、烯效唑。

◎ 安全果品生产中如何管理农药？

（1）农药的采购。应从正规渠道采购合格的农药。不应采购下列农药：非法销售点销售的农药、无农药登记证或农药临时登记证的农药、无农药生产许可证或者农药生产批准文件的农药、无产品质量标准及合格证明的农药、无标签或标签内容不完整的农药、超过保质期的农药和禁止使用的农药。

（2）农药的贮藏。农药应贮藏于园区专用仓库，由专人负责保管。仓库应符合防火、卫生、防腐、避光、通风等安全条件要求，并配有农药配制量具、急救药箱，出入口处应贴有警示标志。

（3）剩余农药的处理。未用完农药制剂应保存在其原包装中，并密封贮存于上锁的地方，不得用其他容器盛装，不应用空饮料瓶分装剩余农药。未喷完药液（粉）在该农药标签许可的情况下，可再将剩余药液用完。

（4）农药包装物处理。农药包装物不应重复使用、乱扔。农药空包装物应清洗3次以上，将其压坏或刺破，防止重复使用，必要时应贴上标签，以便回收处理。空的农药包装物在处置前应安全存放。

平衡施肥技术

◎ 果树所需要的营养元素有哪些？

一般新鲜植物体含有75%~95%的水分和5%~25%的干物质。在干物质中，组成植物有机体的碳、氢、氧、氮4种主要元素约占95%以上，余下的大量、中量和微量元素只占1%~5%。碳、氢、氧、氮、磷、钾、钙、镁、硫、铁、锰、锌、铜、硼、钼和氯等16种元素是果树所必需的营养元素，其中前10种为大量和中量元素，后6种为微量元素。碳、氢、氧来自二氧化碳和水，其余元素均来自土壤。主要营养元素在果树体内的功能如下。

（1）氮。氮元素是果树树体中蛋白质、酶类、核酸、叶绿素及维生素等的组成成分。氮的主要作用是促进果树营养生长、加速幼树成形、延迟树体衰老、提高光合作用效能、促进果实增大、改善品质和提高产量。

（2）磷。磷元素是形成果树细胞中原生质和细胞核的主要成分。磷的主要作用是促进花芽分化，提早开花结果，促进种子成熟和根系生长，改善果实品质，同时还能增强根系吸收能力，促进根系生长，提高抗旱、抗寒能力。

（3）钾。钾元素对植物新陈代谢、碳水化合物的合成、运输和转化具有重要作用。钾最主要的功能是促进细胞分裂，使果实膨大和成熟，改善品质风味，提高耐贮性，促进枝条成熟，增强果树抗病虫害、抗寒、抗旱、抗倒伏、抗不良环境的能力。钾与果实品质关系最为密切，因此钾被称为“品质元素”。

（4）钙。钙元素在植物体内起着平衡生理活动的作用，能促进植株对氮、磷的吸收，是植物细胞膜的重要组成部分。钙对根系的发育也有明显作用，并有杀菌杀虫效果；另外钙还能降低果实呼吸，推迟成熟，提高果实硬度和贮运性。

（5）锌。锌元素能促进愈伤组织形成、花粉发芽、授粉受精，并增加单果重。果树缺锌时新梢生长受阻，严重缺锌时影响花芽形成，果实畸形。

（6）锰。锰元素直接参与光合作用和氮代谢，有维持叶绿体膜正常结构的作用。果树缺锰后，叶子失绿或呈花色。

（7）硼。硼元素能提高光合作用和蛋白质的合成，促进碳水化合物的转化和运输。果树缺硼，常形成不正常的生殖器官，并使花器和花萎缩，导致坐果率降低。

（8）铁。铁元素是合成叶绿素时某些酶的活化剂。果树缺铁时，不能合成叶绿素，叶片黄化。

◎ 安全果品生产中应如何使用肥料？

安全果品生产的肥料使用原则包括持续发展原则、安全优质原则、化肥减控原则和有机为主原则。根据不同土壤和不同品种平衡协调施肥，培肥地力，改善土壤环境，改进施肥技术，提倡使用有机肥料。商品肥料必须通过国家有关部分的登记认证及生产许可，质量指标应达到国家有关标准的要求。在具体操作中应注意以下几点。

（1）把握施肥时期。秋施基肥，有机肥和大部分磷肥以基肥形式施入，配合少量氮肥和钾肥，大部分氮肥在春季施入，幼果膨大期及花芽分化期追施适量的氮、磷、钾肥，大部分的钾肥应在幼果膨大期和果实着色前20天施入。

（2）恰当的施肥方法。幼树定植时要挖大坑，施入足量的有机肥，随后每年秋天进行扩穴施有机肥，直至全园普施一遍，然后再进行翻施、穴施、放射状沟施、环状沟施等几种方法轮换进行，最大限度地满足根系的营养需求。施有机肥的深度应在20~50厘米才可发挥最大肥效，因为果树的大部分根系集中在这一深度。施化肥的原则是施到土之下，根之上，根不见肥，肥去找根。

（3）科学的施肥量。果树需要多种元素，其中对氮、磷、钾的需求量最大。依据平衡施肥的原理，通过调查土壤养分状况和作物合理产量预计，确定不同肥料施用数量。一般每生产2500千克果品，需要有机肥3立方米、氮12~13千克（相当于尿素26~28千克）、磷8千克（相当于过磷酸钙50千克）和钾10千克（相当于硫酸钾20千克）。有缺素症状时，要配合施有机肥补充微量元素或进行根外喷施。

（4）补充足够水分。施肥后及时进行灌溉，否则因土壤干旱所施肥料不能最大限度地发挥肥效，从而对果品产量和质量造成较大的影响。有条件的采用肥水同灌的方式进行施肥补水。

◎ 安全果品生产中禁止使用的肥料有哪些？

安全果品生产中禁止使用下列肥料。

（1）未获准登记认证及生产许可的肥料产品；

（2）含氯复合肥（氯化铵、氯化钾、含氯的复混肥料）和硝态氮肥；

（3）未经无害化处理的城市垃圾或有重金属、橡胶和有害物质的工业和生活废物；

（4）重金属元素和大肠杆菌超标的各类肥料；

（5）未经发酵腐熟的人畜粪尿；

（6）成分不明确的、含有安全隐患的肥料。

◎ 安全果品生产中提倡使用的肥料有哪些？

（1）有机肥料。有机肥主要指农家肥，含有大量动植物残体、排泄物、生物废物等。施用有机肥料不仅能为果树提供全面的营养，而且肥效期长，可增加或更新土壤有机质，促进微生物繁殖，改善土壤的理化性质和生物活性，是安全果品生产中主要养分的来源。常见的有机肥主要有：堆肥、绿肥、秸秆、饼肥、沤肥、厩肥、沼肥等。

（2）微生物肥料。含有特定微生物活体的制品，应用于农业生产，通过其中所含微生物的生命活动，增加植物养分的供应量或促进植物生长，提高产量，改善品质及农业生态环境的肥料。根据微生物肥料对改善植物营养元素的不同作用，可分为以下类别：固氮菌肥料、磷细菌肥料、硅酸盐细菌肥料和复合菌肥料。

（3）腐殖酸类肥料。指泥炭、褐煤、风化煤等含有腐殖酸类物质的肥料。它能促进果树的生长发育，增加产量，改善品质。

（4）有机无机复混肥料。指含有一定量有机肥料的复混肥料。

（5）无机肥料。主要以无机盐形式存在，能直接为植物提供矿物营养的肥料。包括矿物钾肥和硫酸钾、矿物磷肥、煅烧磷酸盐、石灰石等。

（6）叶面肥料。喷施于植物叶片并能被其吸收利用的肥料。可含有少量天然的植物生长调节剂，但不含有化学合成的植物生长调节剂，如微量元素肥料和植物生长辅助肥料，由微生物配加腐殖酸、藻酸、氨基酸、维生素、糖及其他元素制成。

◎ 怎样进行农家肥的无害化处理？

科学合理地施用农家肥，能起到改善农村生活环境，减少化学肥料使用量，增加土壤中的有机质含量，降低农业生产成本，减轻农业面源污染，提高果品质量，是安全果品生产的一项重要措施。但由于农家肥尤其是畜禽粪便中含有大量的有害微生物、致病菌、寄生虫及寄生虫卵等，有些病原菌是人类传染病的病原菌，粪便中的病原菌可通过土壤、水体等转移到种植的果树上进而传染疾病。所以，安全果品生产中所施用的农家肥必须是通过无害化处理的。如果未经腐熟及无害化处理，直接用到果园，农家肥发酵产生的生物热和氨气会烧坏根系，滋生的病菌和害虫则会侵染植物，对果树的生长发育和果品安全造成危害。

有机肥发酵剂堆肥是无害化处理最常用的技术，主要通过高温（55~65℃）发酵杀灭农家肥中的病原菌、虫卵和杂草种子，同时使有机质腐殖化，使得其中养分变成易被果树根系吸收的形态，从而提高肥效，达到安全果品使用要求。主要操作流程如下：

（1）物料准备。①新鲜的畜禽粪便（包括厩肥）；②辅料：各类作物的秸秆、青草、松磷、菌渣、花生皮，可根据肥料的用途选择粉碎的长度，做基肥时秸秆长度5~10厘米，育苗肥秸秆长度0.3~0.5厘米；③发酵剂，应掺一定数量的辅料。

（2）碳氮比调节。最佳碳氮比为（25~30）:1，通常方法是将新鲜畜禽粪便和干辅料按照重量比（3~5）:1来调节即可。

（3）堆放。搅拌均匀后的水分掌握在60%左右，手感以用力握一把物料指缝不向外渗水，松手团块可散开为宜。堆体宽（或直径）应在1.5米以上，堆高在0.8~1.5米为宜。堆好的粪堆加覆盖物，以免风干导致农家肥不能彻底发酵。

（4）无害化处理。发酵物体平均温度55℃以上，发酵时间不少于10天，发酵后的有机肥为黄褐色或灰褐色，无臭味，有较淡氨气味，用手可搓碎部分辅料。

◎ 什么是平衡施肥？

平衡施肥是综合运用现代农业科技成果，依据作物需肥规律、土壤供肥特性与肥料效应，在施用有机肥的基础上，合理确定氮、磷、钾和中、微量元素的适宜用量和比例，以及相应施用技术，以满足作物均衡吸收各种营养，维持土壤肥力水平，减少肥料浪费和对环境的污染，达到高效、优质和安全的生产目的。

平衡施肥技术简单概括起来就是：一是测土，取土样测定土壤养分含量；二是配方，经过对土壤的养分诊断，按照作物需要的营养"开出药方、按方配药"；三是合理施肥，就是在农业科技人员指导下科学施用配方肥。

◎安全果品为什么要提倡平衡施肥？

果树是多年生作物，一旦定植即在同一地方生长几年至几十年，不同树种、不同品种、不同树龄、不同发育期对肥料的需求是有区别的，必然引起土壤中各种营养元素的不平衡，必须通过施肥来调节营养的平衡关系。平衡施肥可以改变以往的盲目施肥为定量施肥，把单一施肥改为以有机肥为基础、氮磷钾等多种元素配合施用，实现提高产量、改善品质、节约肥料、降低成本、平衡土壤养分及减少环境和果品污染等效果。

（1）平衡施肥可以提高果园土壤质量。科学合理地施用肥料对改善土壤理化性状，提高易耕性和保水性能，增强养分供应能力都有促进作用。长期施用单一肥料是造成土壤板结的主要原因。通过合理、平衡施用肥料，就可以保持和增加土壤孔隙度和持水量，避免土壤板结。

（2）平衡施肥可以改善果品品质。果品品质包括外观品质、内在品质、营养价值等，都与施肥有密切关系。我国加入 WTO以后，果业受到冲击非常大，主要原因就是我们的果品质量较差。肥料施用不合理是导致果品质量低劣的一个重要原因。平衡施肥能提高果品品质。如增施钾肥可以提高果品糖分、维生素C、氨基酸等物质的含量和耐贮性。

（3）平衡施肥可以提高果品安全性。控制果品中硝酸盐的过多积累，是安全果品生产的重要方面。果品中硝酸盐超标主要是由于过量施用氮肥所致，而合理施肥可大大降低硝酸盐含量。因此，改进施肥技术，能有效控制硝酸盐积累，实现优质高产。

（4）平衡施肥可以减少环境污染。由于平衡施肥技术考虑了土壤、肥料、果树三方面的关系，考虑了有机肥与无机肥的配合施用，考虑了无机肥中氮、磷、钾及微量元素的合理配比，因此果树能均衡吸收利用养分，提高了肥料利用率，减少了肥料流失，保护了农业生态环境，有利于农业可持续发展。

（5）平衡施肥可以降低生产成本。搞好平衡施肥，提高用肥的科学水平，可以有效提高肥料利用率，减少肥料施用量，从而降低了生产成本。

◎ 如何在果品安全生产中进行平衡施肥？

平衡施肥核心技术是各种营养元素科学搭配，将有机肥、无机肥、矿物肥及生物肥合理施用。安全果品生产中采用平衡施肥时，通常按以下方法和步骤进行。

（1）土壤取样测试。土壤样品的采集一般在果实采收后进行。每个果园根据面积大小取10个以上点，采样时应沿着一定的线路，按照“随机”“等量”和“多点混合”的原则进行采样。一般采用“S”形布点采样，面积小的果园取东、西、南、北、中5个点即可（见下图）。

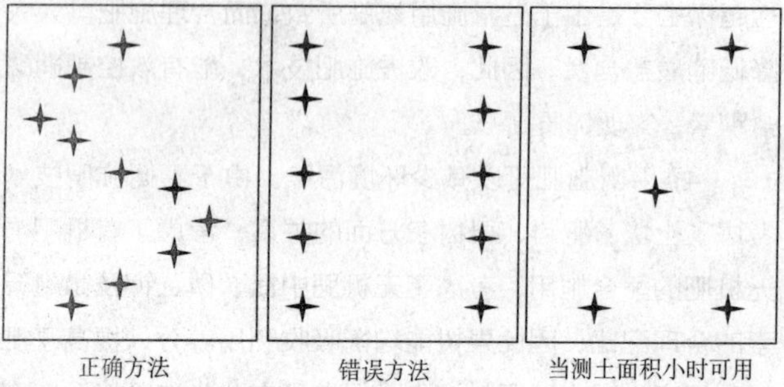

土壤样品采集路线图

取样深度以0~40厘米为宜。去掉表土覆盖物，按标准深度挖成剖面，按土层均匀取土。混和土样以取土1千克左右为宜，可用四分法将多余的土壤弃去。测试指标主要包括土壤酸碱度（pH值）、有机质、全氮、有效磷、速效钾，以及当地普遍缺乏的矿质元素的含量。

（2）配方施肥。根据果树种类、树龄和产量，结合土壤测试结果，进行综合分析，按比例配方施肥。配方施肥要以有机肥为主，速效化肥为辅。保水保肥差的瘠薄土壤，要特别重视有机肥的投入。根据果树不同发育期的吸肥特点，分期分批施入肥料，把0～40厘米深土层的氮、磷、钾和微量元素含量调整到适宜水平。

（3）叶片取样分析。落叶果树在6月中下旬至7月初营养性春梢停长、秋梢尚未萌发即叶片养分相对稳定期，采集新梢中部第7~9片成熟正常叶片（完整无病虫叶），分树冠中部外侧的四个方位进行；常绿果树在8~10月采集叶片，应在树冠中部外侧的四个方位采集生长中等的当年生营养春梢顶部向下第3片叶（完整无病虫叶）。采样时间一般以上午8~10时为宜。一个样品采10株，样品总量一般为50~100片。

根据叶片营养测定数值与适宜水平（标准值）的差异以及各营养元素的比例关系进行综合分析，判定原施肥方案是否合理，并做出相应调整。叶片测试一般2～3年进行1次。

果园生草技术

◎ 什么是果园生草？

果园生草是在果树行间或全园种植禾本科植物或豆科草类植物，并将生长旺盛的草刈割后覆盖果园的一种土壤管理方法。通俗地说，果园生草就是在果园种植对果树生产有益的草。

果园生草技术于19世纪末在美国首先出现，到了20世纪40年代随着割草机的问世和灌溉系统的发展才得以大力推广。目前，欧美和日本的果园土壤耕作管理主要以生草为主，实施生草的果园面积占果园总面积的57%以上，有的国家甚至达到95%。我国的果园土壤耕作管理长期以“清耕法”为主，20世纪70~80年代，我国各地陆续开展了果园生草的试验和示范推广。

大量科学研究和生产实践表明，传统清耕作业的果园管理方法会导致果园生态退化、地力下降、投入增加、树体早衰、品质下降。而果园生草技术可提高土壤养分，增加土壤中有机质含量及微生物的数量与种类，同时可以使果树害虫的天敌种群数量增加，减少了农药的投入及农药对环境和果实的污染，并能有效防止冬春季风沙扬尘造成的环境污染等，不仅解决了果园有机质流失、肥力不足等问题，而且节约了生产成本、大幅度降低农药和化肥的使用量，有利于真正实现安全果品生产。

因此，果园生草是符合保护土壤、改善果园生态环境的一种先进的土壤管理制度。1998年，农业部中国绿色食品发展中心将果园生草作为绿色果品生产技术体系中的一项重要技术在全国推广。

◎ 果园生草有什么作用？

通过果园生草能够改善果园环境小气候，促进果园土壤表层水、肥、气、热、生物等肥力因素不稳定状态转化为相对稳定状态，能够改善土壤的团粒结构，扩大根系分布范围，提高根系吸收能力，延长根系生长时间，减少化肥、农药的使用量，减少农业环境污染，促进低碳果业发展，提高果品品质和产量。

（1）保持果园水土。果园生草土壤中多而发达的根系使土壤紧紧连在一起，能够有效缓解大雨对地表的冲刷，提高土壤渗透性和保蓄雨水能力，减少地表径流和水土流失。生草生长旺盛时，经刈割覆盖树盘，可起到覆草保墒作用，地面水分蒸发减少60%，土壤湿度相对提高3%~4%，并减轻下雨时的地面径流，使土壤含水量常年稳定，以满足果树生长发育需要。另据试验测定，草生长的需水量仅占通过生草增加蓄水量的1/4。同时，干旱季节有生草覆盖的土壤水分损失仅为清耕果园的1/3。

（2）培肥果园地力。果园生草后，草长到35厘米左右须进行刈割并覆盖树盘，可增加土壤有机质含量，改善土壤理化性状，使土壤形成和保持良好的团粒结构。生产实践表明，在30厘米厚的土层有机质含量为0.7%~0.9%的果园，连续5年混合种植黑麦草和白三叶草，土壤有机质含量可以提高到1.5%以上。同时，可激活了土壤微生物活动，使土壤中一些果树必需的中微量元素的有效性得到提高，控制和克服了果树的缺素症。生草果园化肥使用量可减少20%，特别是氮肥的使用量可减少50%以上，肥料利用率可提高5%~8%。

（3）改善了果园环境。果园生草避免白天因太阳直射暴晒导致的土壤急剧升温，减弱了夜间地面散热降温，缓和了地温的昼夜和季节变化，改善了果树生长的环境小气候，从而有利于果树生长发育。如柑橘园应用生草技术后，春梢萌发量、冠幅增长量及坐果率均有明显提高。果园生草还促进了植被多样化发展，为天敌提供了丰富的食物和良好的栖息场所，天敌发生量大，种群稳定，有利于果园病虫害的综合防治。果园生草在一定程度上也增加了果园生态系统对农药的耐受性，扩大了生态容量。

（4）减少了施肥量。生草果园的第1~2年，土壤有机质增加不明显。从第3年起，土壤有机质显著提高，果园覆草1.0~1.5吨/亩，相当于增施优质圈肥2.5~3.0吨/亩。如白三叶草是果园生草的优良草种，可固定和利用大气中的氮素。据测定，4年生草果园的全氮、有机质分别提高100%和159.8%，而果园种植白三叶草可大大降低甚至取代氮肥的投入。生草果园土壤中有机质含量可保持在1%以上，而且土壤结构良好，同时减少了肥料施入，避免了因施用有机肥而造成的繁重劳力支出。

（5）减少了农药用量。首先，生草为天敌种群繁衍创造了适宜的生活环境，如中华草蛉、丽小花蝽、微小花蝽、食蚜蝇等；其次，生草后的果园土壤及果园空间富含寄生菌，制约了害虫的蔓延，在果园内形成相对较为持久的生态系统。此外，果园生草为棉铃虫、银纹细蛾、红白蜘蛛等害虫创造了良好的生活环境，减少了上树的几率，从而减轻了害虫的危害。总之，果园生草可增强天敌对虫害的控制，减少用药次数，减轻农药对果品和环境的污染，有利于实施综合防治和果品安全。杀虫、杀螨剂用量减少50%以上，生产成本降低25%~30%。

（6）减少了投工数量。①施肥用工。生草果园的肥料直接施到树盘内，割草覆盖，或直接把肥料撒施到草丛，节省了开沟或挖穴用工。②喷药用工。通过果园生草，充分发挥优势种天敌控制害虫的能力，减少用药次数和喷药用工数量；行间生草覆盖不怕踩踏，雨后不泥泞，易于机械作业。③浇水用工。生草果园地面水分蒸发减少60％，减少果园浇水次数1/3以上，可节约浇水用工。④中耕及除草用工。果园生草可免除中耕除草，草高后用机械刈割，1年3~5次，快速、高效，不必除草深翻，可节省中耕和除草用工。同时，避免了果园深翻对土壤团粒结构的破坏。⑤机械作业省工。生草果园，无论是喷药还是果实采摘，都可发挥机械的替代作用，省工省力。

（7）提高果品质量。首先，生草果园由于土壤有机质含量的增加，使果树营养供给均衡，增加了果实中可溶性固形物的含量和果实硬度，促进果实着色全面均匀，提高果实抗病性和耐储性，生理性病害减少，果面洁净，从而提高了果品的质量；其次，生草的果园由于空气湿度和昼夜温差增加，进一步促使果实着色率提高，含糖量增加，果实硬度及耐贮性也有明显改善。尤其是套袋果园，果实摘袋后最易受高温和干燥空气的影响，果面容易发生日灼和干裂纹，果园生草能有效地避免和防止这些现象发生；此外，生草果园的树盘覆草减轻了落果落地时的损伤，增加了优质果的数量。

◎ 如何选择果园生草的草种？

果园生草选择草种的标准是：要求根系浅，矮秆或匍匐生，草层多在50厘米以下，覆盖度大，保墒效果好，适应性强，耐阴耐践踏，耗水量较少，再生能力强、病虫害少，与果树无共同的病虫害，对果树无不良影响。果园生草种类：豆科有白三叶草、紫花苜蓿、紫云英、田菁等，禾本科有黑麦草、百喜草、早熟禾、结缕草、燕麦草等。大多数果园生草为豆科植物，因为它是养地植物，可以通过生物固氮来培育地力。豆科与禾本科混种，对改良土壤有良好的作用。

（1）白三叶草。系豆科多年生草本植物，生物固氮能力较强，种一次可利用5~8年，是果园生草的首选草种。白三叶草适应性广，抗热抗寒性强，可在酸性土壤中旺盛生长，也可在砂质土中生长，喜阳耐阴，耐旱能力强，适应土壤肥力较高的地块。主要特点是植株低矮（草层高度30厘米），根系浅（主要分布在15厘米的浅土层），草层致密耐践踏，覆盖率高，抑制杂草作用明显。

（2）紫花苜蓿。系豆科多年生草本植物，是世界上种植面积较大的一种多年生豆科牧草。适应性广，适宜在地势高、排水良好、土层深厚、中性或微碱性沙壤土或壤土中生长，最适土壤pH值为7~8，土壤含可溶性盐在0.3%

以下就能生长，为中等耐盐性植物。具有一定的抗旱性和耐热性，当气温高于30℃或低于5℃时进入休眠状态。枝叶繁茂，对地面覆盖度大；根系主要分布在0~30厘米的土层中；再生性强，一般一年可刈割2~4次，多者可刈割5~6次。

（3）黑麦草。系禾本科多年生草本植物，适合长江流域及其以南地区种植。一次种植可利用4~6年，耐旱性强，适用性广，根系发达，生长迅速，耕地种植可增加种植地的土壤有机质，改善种植地土壤的物理结构；坡地种植，可护坡固土，防止土壤侵蚀，减少水土流失。草层高度40~50厘米，根系主要分布在0~30厘米的土层中，与果树争水争肥较弱。在春、秋季生长繁茂，生长期10月至翌年5月，刚好避开果实膨大期，水肥资源匹配合理。

（4）百喜草。又称巴哈雀稗，系暖季型的禾本科多年生草本植物，有粗壮多节的匍匐茎。喜温暖湿润，生长的最适温度为28~33℃，南方大部分地区都适宜种植。百喜草对环境具有广泛的适应性。在受光量为40%的条件下生长最佳，当受光量降低到20%时仍能正常生长。适宜的土壤酸碱度为pH值为5.5~7.9。耐瘠、耐旱，在沙土、壤土、黏土上都能正常生长。冬季当温度低于0℃时，地上部叶片干枯死亡，翌年由匍匐茎返青。植株高约30厘米。年生长量大，鲜草产量高，每亩鲜草产量为2500~3000千克，从栽植后第2年起可周年覆盖地面（含鲜草和枯草覆盖）。

◎ 果园如何进行人工种草？

（1）整地播种。果园主要采用直播生草法，播种前应细致整地，清除园内杂草，每亩地撒施磷肥50千克，翻耕土壤，深度20~25厘米，然后整平地面，灌水补墒，诱杂草出土后施用除草剂，过一定时间再播种，可减少杂草干扰。播种时间多为春、秋两季，春播在3~4月份，秋播在9月份。白三叶草、紫花苜蓿、田菁等每亩播种量0.5~1.5千克，黑麦草、百喜草等每亩2.0~3.0千克。播种方式有条播和撒播。条播，按15~30厘米的行距开0.5~1.5厘米深的播种浅沟，将过筛细土和种子以（2~3）:1的比例混合均匀，撒入沟中，覆土1~2厘米。撒播，将地整好后，把按比例拌好细土的种子直接撒在地表上即可。

（2）施肥浇水。生草长大初期应加强肥水管理，干旱时及时灌水补墒，并再追施少量氮肥。白三叶草属豆科植物，自身有固氮作用，但苗期根瘤尚未生成，仍需补充少量氮肥。在树下施基肥可在非生草带内施用。实行全园覆盖的果园，可采用铁锹翻起带草的土，施入肥料后，再将带草土放回原处压实的办法。生草地施肥水，一般在刈割后较好，或随果树一同进行肥水管理。生草果园最好实行滴灌、微喷灌，防止大水漫灌。

（3）刈割更新。果园生草长起来覆盖地面后，根据生长情况，需要及时刈割。一般每年刈割2~4次。草的刈割管理不仅是控制草的高度，而且还有促进草的分蘖和分枝，提高覆盖率和增加产草量的作用。刈割的时间，由草的高度来定，一般草长到30厘米以上刈割。草留茬高度与草的种类有关，一般禾本科草要留有心叶，留茬高度5~10厘米；而豆科草如白三叶草要留1~2个分枝。草的刈割采用专用割草机。秋季长起来的草，不再刈割，冬季留茬覆盖。一般情况下，果园生草5年后，草逐渐老化，要及时翻压，使土地休闲1~2年后再重新播草。

果实套袋技术

◎ 果实套袋有什么作用？

果实套袋是防止果实污染、提高果实质量的一项重要措施，能有效保障果品安全健康卫生。果实套袋可以形成遮光、保湿、保温的微环境，直接影响果实品质，同时可以防止农药、尘埃及病虫对果实的直接污染和侵害，可以显著提高果实的外观和耐贮性，并降低农药残留量。

（1）防止病虫害效果显著。据典型调查，果树套袋防控病虫害的综合效果平均达到81.1％，其中虫害防控效果特别显著，平均达到90％，病害为76.7％，病虫防控效果显著。同时也减少了鸟兽的侵害，提高了商品率。

（2）改善果实外观品质。套袋后的水果避免阳光的直接照射，增加了果皮花青素的含量，改善果面光洁度，使外观品质得以提高。如早熟梨中的翠冠、西子绿、清香等品种，套袋可使果点变小，防止果锈和裂果发生。枇杷套袋可以保持果皮上的茸毛完整，色泽鲜艳，避免果实日灼或因降暴雨等引起的裂果，以及减少机械伤。

（3）减少农药残留和果面污染。套袋果园一般只在开花期和套果前施用农药，用药次数、数量均比不套袋减少。果袋能阻隔喷洒农药对水果表面的污染，显著减少果实的农药残留量。同时能最大限度地减少因与空气中有害杂质直接接触而造成的果实表面污染，提高果品的安全性。

（4）提高经济效益。套袋的好果率能达到90%，而不套袋的好果率一般只有70%。以每亩2000千克产量计算，两种栽培方法，各自扣除纸袋成本、套袋用工和除虫防病药物、人工等工本费用后，套袋栽培的产值可以比不套袋提高20%以上。

◎ 怎样正确选择果袋？

不同果树种类或品种可采用不同材料的果袋，在生产中应用最多的果袋主要是纸袋。纸袋的质量是决定套袋成功与否的前提，纸袋的抗水抗晒性能、遮光性能、防虫防菌性能和密封程度等是影响套袋果实质量的主要因素。因此，要选购有注册商标、优质名牌，并在当地应用效果较好的果袋。双层纸袋要求外袋纸质能经得起风吹、日晒、雨淋，透气性好，不渗水，遮光性好，纸质柔，口底胶合好，内袋蜡质好且涂蜡均匀，日晒后不易蜡化；袋口要有扎丝，内外袋相互分离。

梨（以黄花梨为例）主要选用遮光性较强的内袋黑色、外袋浅黄褐色，或内袋黑色、外袋深红褐色的双层袋，也可选用内面黑色、外面灰色的单层袋。中晚熟桃品种，最好选用外袋深红褐色、内袋黑色，或外袋浅黄褐色、内袋黑色的双层袋。葡萄应选用半透明纸质或纸质较厚的专用葡萄袋。总之在纸袋的选择上，一定要根据不同品种、不同情况选用疏水性好、耐雨水冲刷、柔韧透气性好、不易破碎的果袋。果袋应该安全卫生，有害元素含量不得超标。不能用报纸糊制的纸袋，报纸袋含铅量过高，会增加对果实的污染。用过的废袋同样不可再使用。

◎ 果实套袋前的主要工作有哪些？

进行套袋的果园要求综合管理水平高，树体健壮，病虫害发生轻，群体结构和树体结构良好，通风透光，生长季透光率达到25％~35％。套袋品种主要选择商品性状好、国内外市场需求量大、经济效益较好、且有较大栽培面积的优良品种。

（1）合理整形修剪。套袋果园，应采用合理的树体结构，南方地区温暖多湿，一般宜采用矮冠开心的高光效树形，沿海多台风地区可采用棚架树形。冬季修剪时，疏除上部粗大枝、内膛徒长枝、过密枝和外围竞争枝，以及树冠下部裙枝，使树冠通风透光，结果枝粗壮，结果部位均匀，达到立体结果的目的。

（2）加强肥水管理。套袋果园宜采用生草制，同时增加有机肥的施入，以增加土壤有机质含量，改善土壤团粒结构。一般在套袋前进行浇水，使土壤含水量保持在田间最大持水量的70%～75%，地面干后即开始套袋，能明显减少甚至避免套袋后发生日灼现象。

（3）严格疏花疏果。根据各品种特性、树龄、树冠大小、树势强弱和肥水管理条件，确定挂果数量。疏除小果、劣杂果、畸形果、病虫果和密集果。疏果工作一般于落花后1个月内完成。梨一般每20～25厘米留1个果，留单果，疏除顶果、畸形果和病虫果；桃疏果时注意疏除背上果和枝条的先端果，一般长果枝留2～3个果，中果枝留1～2个果，短果枝留单果；葡萄一般每结果新梢只保留1个果穗，其余疏除；对保留的果穗，在整穗的基础上进行疏粒，将小果粒、畸形果、过密果疏去，使果粒着生均匀，果穗整齐美观。

（4）喷杀虫杀菌剂。套袋前1～2天全园喷一遍高质量的杀菌剂和杀虫剂，以控制病虫害，保护果实。但不能使用有机磷农药和波尔多液，以防止果锈产生。若喷药后6~7天还未套完或中途遇雨则需补喷1次农药后再套。

◎ 怎样进行果实套袋？

（1）套袋时期。从提高果袋套袋成功率和果实以外观为主的综合品质全面考虑，套袋适宜时期为生理落果后的初期。一般情况下，梨应在谢花后的30~35天开始，半月内结束；桃一般在定果后套袋；葡萄在果粒长到黄豆粒大小时套袋。套袋时间以晴天上午9：00~11：00和下午2：00~6：00为宜。

（2）套袋方法。选定幼果后，小心地除去附着在幼果上的花瓣及其他杂物。用手伸进袋中令袋体膨起，使袋底两角的通气放水孔张开。手执袋口下2~3厘米处，袋口向上或向下，套入果实（图2–2）。套上果实后使果柄置于袋的开口基部，然后从袋口两侧依次按“折扇”方式折叠袋口于切口处，将捆扎丝扎紧袋口于折叠处，于线口上方从连接点处撕

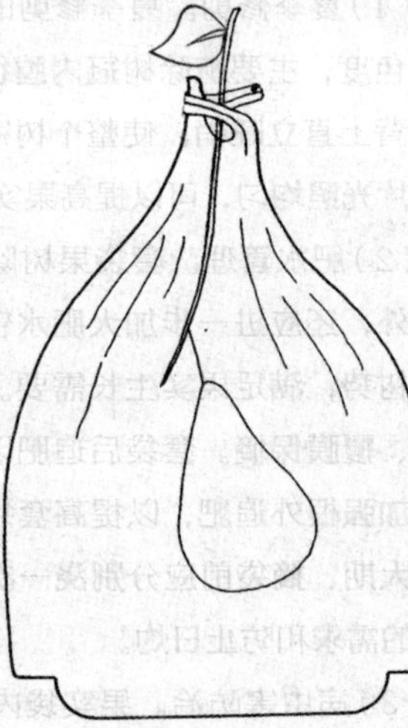

图2–2 果实套袋示意图

开将捆扎丝返转90°，沿袋口旋转1周扎紧袋口，使幼果处于袋体中央，在袋内悬空，以防止袋体磨擦果面。

（3）套袋顺序和要求。套袋顺序为先上后下、先里后外。就一个果园或一株树而言，最好是所有果实全部套袋，不能半套半留，以便管理。套袋时勿将叶片和枝条装入袋子内，也不要将捆扎丝缠在果柄上。袋口也要扎紧，以免害虫爬入袋内危害和防止纸袋被风吹落。

◎ 怎样进行套袋期管理？

（1）夏季修剪。夏季修剪的目的是增加光照，提高果实着色度，主要疏除树冠内膛徒长枝、外围竞争枝以及骨干枝背上直立旺梢，使整个树冠通风透光，使每根枝条上的叶片光照均匀，可以提高果实品质。

（2）肥水管理。套袋果树除与不套袋果树的正常肥水管理外，还应进一步加大肥水管理和叶片保护，以维持健壮的树势，满足果实生长需要。雨后及时松土、保墒，或覆草、覆膜保墒。套袋后追肥以磷、钾肥为主，套袋果园尤应加强根外追肥，以提高套袋果可溶性固形物含量。果实膨大期、摘袋前应分别浇一次透水，以满足套袋果实对水分的需求和防止日灼。

（3）病虫害防治。果实袋内生长期应照常喷洒具有保叶和保果作用的杀菌剂，以防病菌随雨水进入袋内危害。

采收后，将用过的废纸袋及时集中烧毁，消灭潜伏在袋上的病虫源，以减少翌年的危害。

（4）适时采收。为了提高套袋果的成功率，多生产高档果品，要根据果实的着色情况适期及市场需求分批采收。生育期长的晚熟品种在适宜采收期内采收越晚，着色越好，品质越佳。由于套袋果果皮较薄嫩，在采收搬运过程中要仔细，在采收、搬运过程中摘下果子随时剪掉果梗，最好套上网套入箱搬运，尽量减少碰、压、刺、划伤，以免人为造成损失。

采后处理技术

◎ 果品采后商品化处理的意义是什么？

果品的采后处理，就是为保持和改进产品质量并使其从果品转化为商品所采取的一系列措施的总称。果品采后商品化处理的主要意义有下列几点。

（1）提高果品质量。通过采后处理，可使果品等级分明，规格一致，方便包装、销售；同时剔除了病虫伤果，减少了贮运过程中的腐烂损耗；而且残次果可就地销售或加工处理，减少了浪费。

（2）延长上市时间。能较好地控制果品采后生理性变化，减少微生物侵染和营养成分的损失，果形整齐，货架期长，相应地延长了市场供应时间，满足了消费者的需求。

（3）增加经济效益。通过采后的一系列处理措施，减少了果品内水分的过度蒸发，使果品较长时间地保持新鲜状态，色泽美观，能显著提高果品的经济价值，从而增加了果品销售的经济效益。

◎ 果品采后商品化处理的主要技术环节有哪些？

果品采后商品化处理是果实采收后的再加工、再增值过程，包括挑选、分级、洗果打蜡、包装贴标、贮藏保鲜等环节。

（1）严格分级。分级的目的是使果品成为标准化的商品，可使果品在品质、色泽、大小、成熟度、清洁度等方面基本一致，便于运输和贮藏中的管理以及消费者的购买，有利于减少损失和浪费。果品的分级主要是根据大小和品质来进行的，具体的分级标准又因果品的种类和品种不同而异。人工挑选分级果品，要个个过目，按照国家和地方颁发的标准严格进行分等分级，携带湿布毛刷，随时去除果面污物。准备进入高档市场的精品果，要力争实现机械化作业，积极推进先进的电脑全程控制的分选生产线，要从外观到内在品质上达到硬性量化指标。

（2）精细包装。包装是果品商品化生产中增值最高的一个技术环节，安全果品的包装要充分体现产品的内在品质和现代消费时尚要求，又要符合法律法规的规定。并应标注相关级别的食品标志，标明产品名称、数量、产地、包装日期、生产单位、执行标准代号等。在包装设计上要突出个性化和品牌个性，做到独特新颖和精美，提高果品包装档次。目前市场上果品的包装形式主要呈现出小型化、精致化、透明化、组合化和多样化的特点，每一个新的变化都会给人一种新鲜感，刺激一种新欲望，达到扩大销售的目的。

（3）贮藏保鲜。建立现代化的冷藏库或气调库是果品产业化的必然之路。经济发达地区可根据当地生产和市场需求，建设大、中型冷藏库、气调库。对于经济发达地区的单个农户，提倡发展微型节能冷藏库。这种冷藏库具有结构简单、施工方便、造价较低、节约能源、便于管理等特点，贮藏保鲜效果也不错。经济欠发达地区，应积极改进和提高土窑洞和地窖的设计和管理技术，必要时采用强力通风措施，在保证通风良好的条件下，大力推行简易气调和大帐气调贮藏，以解决地窖、土窑洞前期温度偏高的问题。

（4）创立名牌。创立名牌是果品商品化处理的最高层次，必须不断提升产品质量档次，培育和发展驰名品牌，靠质量和信誉来开拓和维护市场，赢得更理想的社会和经济效益。果品生产经营者都应根据自身的优势和特点，因时、因地制宜地利用互联网、电视、报纸等新闻媒体及各种推介活动，多渠道、多形式地向消费者宣传自己的产品和品牌，扩大市场影响力，拓展消费空间，以品牌优势开辟市场。

◎ 目前常用的果品贮藏方法有哪些？

我国目前果品的贮藏方式多种多样，有不少行之有效的贮藏方式，现代化的冷藏和冷藏气调贮藏也在不断发展。贮藏方式和设施有的比较简单，有的则比较复杂，产地和销地可以因地制宜，根据具体条件和要求灵活选择采用。

（1）常规贮藏。即一般库房，不配备其他特殊性技术措施的贮藏。这种贮藏的特点是简便易行，适宜含水分较少的干性耐贮果品的贮藏。采用这种贮藏方式应注意两点，一是要通风，二是贮藏时间不宜过长。

（2）窑窖贮藏。特点是贮藏环境氧气稀薄，二氧化碳浓度较高，能抑制微生物活动和各种害虫的繁殖，而且不易受外界温度、湿度和气压变化的影响，是一种简便易行、经济适用的果品贮藏方式。贮藏窖包括棚窖、井窖和窑窖三种类型。这些窖多是根据当地自然、地理条件的特点进行建造。由于土壤导热系数小，贮藏窖内温度变化缓慢而稳定，而土层越深温度越稳定，这有利于通过简单的通风设备来调解和控制。

（3）冷库贮藏。能够延缓微生物的活动，抑制酶的活性，以减弱果品在贮藏时的生理化学变化，保持应有品质。这种贮藏方式的特点是效果好，但费用较高。

（4）干燥贮藏。有自然干燥和人工干燥两种。干燥的目的是为了降低贮藏环境和果品本身的湿度，以消除微生物生长繁殖的条件，防止果品发霉变质。

（5）密封贮藏。密封贮藏虽然投资较大，但贮藏效果良好，是现代果品贮藏研究和发展的方向。

◎ 目前常用的果品保鲜技术有哪些？

（1）物理保鲜技术。果品的物理保鲜技术包括低温保鲜、气调保鲜和调压保鲜等。

冷藏和冻藏是现代果品低温保鲜的主要方式。果品的冷藏温度范围为0～15℃，冷藏可以降低病源菌的发生率和产品的腐烂率，还可以减缓水果的呼吸代谢过程，从而达到阻止衰败，延长贮藏期的目的。冻藏是利用－18℃的低温，抑制微生物和酶的活性，延长果品保存期的一种贮藏方式。现代冷冻机械的出现，使冻藏可以在快速冻结以后再进行，大大地改善了冻藏果品的品质，适用于冻藏保鲜的果品有草莓、杨梅等。

气调贮藏是通过调节贮藏环境中氧气和二氧化碳的比例，抑制果品的呼吸强度，以延长果品贮存期的一种贮藏方式，也是当今最先进的可广泛应用的果品保鲜技术之一。

调压保鲜技术是新的果品贮藏保鲜技术，包括减压贮藏和加压贮藏。减压贮藏又称为低压贮藏，是在传统气调库的基础上，将室内的气体抽出一部分使压力降低到一定程度，限制微生物繁殖和保持果品最低限度的呼吸需要，从而达到保鲜目的。加压保鲜与减压贮藏具有异曲同工的技术思想体系，这一技术的研究也以装置系统的研制为基础。

（2）化学保鲜技术。化学保鲜技术主要是应用化学药剂（统称为保鲜剂）对果品进行处理保鲜，具有使用方便和价格低廉等特点，在防腐杀菌、减少水分蒸发、延缓果品衰老和降低呼吸强度等方面均有较好的效果，在国内外果蔬贮藏保鲜中被广泛使用。根据其使用方法不同，可分为吸附型、浸泡型、熏蒸型和涂膜型保鲜剂。保鲜剂在我国的研究与开发虽已有20年左右的历史，保鲜原理也基本上都是利用农药杀灭果蔬表面的各种病虫害及病毒以达到延缓腐烂变质的目的，因此，也存在部分果蔬残留农药问题。目前，一些天然防腐剂，如壳聚糖、魔芋、植酸型物质的研究与应用为果品的保鲜提供了新的选择。

（3）电子保鲜技术。随着微波技术和现代电子技术的发展，这些技术在果品保鲜中的应用也有较大的发展。目前，应用较多的有辐射保鲜、静电场保鲜、臭氧及负离子气体保鲜等几种保鲜技术。

（4）生物技术保鲜。生物保鲜是采用微生物菌株或抗菌素类物质，通过喷洒或浸渍果品处理，以降低或防治果品腐烂损失的保鲜方法。这是近年来新发展起来的具有前景的果品贮藏保鲜方法，典型的应用有生物和遗传基因控制等。

◎ 怎样避免和防止果品二次污染？

贮藏保鲜是产后商品化处理中最易造成二次污染的环节。严禁使用含污水和化学药剂漂洗、浸渍果实。对果品保鲜使用的杀菌剂、防腐剂以及仓库的杀菌消毒，应选用天然生物制剂（如壳聚糖、蜂胶、中草药浸提液等），尽量避免使用化学保鲜剂进行保鲜贮藏。不使用对人体有害的塑料薄膜或发生霉变、被污染的包装箱或纸袋装载。运输工具应清洁卫生，无异味，贮运过程中应注意密封，减少动物、微生物及周围环境对果品的污染，严禁与化学药品、有毒、有害、异味品一起混装或运输。贮藏冷库应为果品专用冷库，保持卫生清洁无污染。

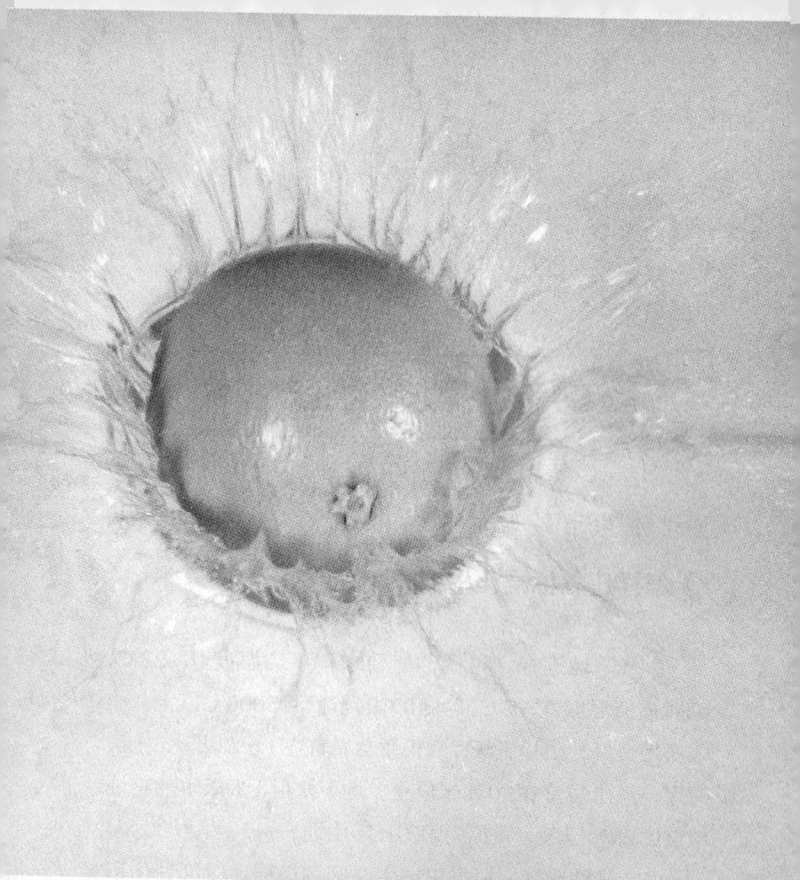

第三章

果树标准化生产技术

果树标准化生产是以果树生产为对象的标准化活动，即运用统一、简化、协调、优选的原则，通过制定和实施标准，把果树生产中的各个环节纳入标准化生产和标准化管理的轨道。果树标准化生产技术主要包括果园建立、土肥水管理、整形修剪、花果管理、病虫害防治和贮藏保鲜等方面。

柑橘标准化生产技术

◎ 怎样建立标准化柑橘园？

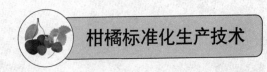

（1）园地选择。柑橘种植要求年平均温度16~22℃，绝对最低温度≥－7℃，≥10℃的年积温5000℃以上。土壤质地良好，疏松肥沃，有机质含量宜在1.5％以上，土层深厚，活土层宜在60厘米以上，地下水位1米以下的平地或坡度25°以下、背风向阳的丘陵山地。

（2）品种选择。根据柑橘生态区划指标，以区划化和良种化为基础，在最适宜区或适宜区选择优良品种发展优质柑橘生产。如浙江省适宜发展温州蜜柑、椪柑，具有地方特色的柚类、杂柑等品种。

（3）栽植。提倡栽植无病毒苗、大苗、壮苗和容器苗。裸根苗一般在9~10月秋梢老熟后或2~3月春梢萌发前栽植，容器苗宜在3~10月栽植。冬季有冻害的地区宜在春节栽植。栽植密度根据品种、砧穗组合、环境条件和管理水平等确定。按每亩栽植永久树计，甜橙、杂柑和柠檬一般以30~60株为宜，宽皮柑橘40~70株，柚20~40株。

◎ 标准化柑橘园怎样进行土肥水管理？

（1）土壤管理。提倡柑橘园实行生草制，种植的间作物以矮秆浅根性豆科或牧草为宜，适时刈割翻埋于土中或覆盖于树盘。夏季高温干旱季节，提倡用秸秆等覆盖树盘，覆盖物与根颈保持10厘米以上的距离。每年中耕1次或2年中耕1次，保持土壤疏松。中耕深度≤10厘米。杂草较多的柑橘园，可限量使用对环境影响小的除草剂。

（2）施肥。根据叶片和土壤分析结果指导施肥。施肥方法以土壤施肥为主，配合叶面施肥。1~3年生幼树单株年施纯氮100~300克，氮磷钾比例1∶(0.25~0.4)∶(0.5~0.8)。结果树一般以产果100千克施纯氮0.6~0.8千克，氮磷钾比例以1∶(0.4~0.5)∶(0.8~1.0)为宜，红壤果园适当增加磷、钾施用量。①采果肥。采果后施足量的有机肥（基肥），氮施用量占全年的20%~40%，磷施用量占全年的20%~25%，钾施用量占全年的30%；②花前（萌芽）肥。以氮、磷为主，氮施用量占全年的20%~30%，磷施用量占全年的40%~45%，钾施用量占全年的20%；③稳（壮）果肥。以氮、钾为主，配合施用磷肥。氮施用量占全年的40%~60%，磷施用量占全年的35%，钾施用量占全年的50%。土壤微量元素缺乏的柑橘园，应针对缺素状况增加根外追肥。

（3）水分管理。柑橘树在春梢萌动及开花期和果实膨大期对土壤水分敏感。当土壤田间持水量低于60%，或土壤含水量沙土＜5%，壤土＜15%，黏土＜25%时需及时灌水。果实采收后及时灌水。灌溉量以灌溉水浸透根系分布层土壤为度。多雨季节或果园积水时疏通排水系统并及时排水，保持地下水位在1米以下。采收前多雨的地区可采用地面地膜覆盖，降低土壤含水量，提高果实品质。

◎ 标准化柑橘园怎样进行整形修剪？

（1）整形。柑橘宜采用自然开心形整形。树形要求主枝、骨干枝少，分布错落有致，疏密得当；小枝、枝组和叶片宜多，但互不拥挤；树冠丰满，叶幕呈波浪形。在选留的主枝上，选择方位和角度适宜的强旺枝作延长枝，对其进行中度短截。注意调整主枝延长枝和骨干枝延长枝的方位及骨干枝之间生长势的平衡。除对影响树形的直立枝、徒长枝或过密枝群做适当疏删外，内膛枝和树冠中下部较弱的枝梢均应保留。当树冠达到一定高度时，及时回缩或疏删影响树冠内膛光照的大枝，使内膛获得充足的光照。树冠交叉郁闭前，及时回缩或疏删主枝延长枝，使株间和行间保持一定的距离。

（2）修剪。①初结果期。继续选择和短截处理各级骨干枝延长枝，适当控制夏梢，促发健壮早秋梢。对过长的营养枝留8~10片叶及时摘心，回缩或短截结果后枝组。抽生较多夏、秋梢营养枝时，应对其进行适当疏删。②盛果期。及时回缩结果枝组、落花落果枝组和衰退枝组。剪除枯枝、病虫枝。对较拥挤的骨干枝适当疏剪开出“天窗”，将光线引入内膛。当年抽生较多夏、秋梢营养枝时，应分别短截和疏删其中的一部分以调节翌年产量，防止大小年结果。③更新复壮期。在短截或回缩衰弱大枝组的基础上，疏删部分密弱枝群，短截所有营养枝和有叶结果枝，全部疏去花果。必要时在春梢萌芽前对植株进行露骨更新或主枝更新。经更新修剪促发的枝梢应短截强枝，保留中庸枝和弱枝。

◎ 标准化柑橘园怎样进行花果管理？

（1）促进花芽分化。长势强旺的幼树或花量偏少的成年树应控制氮肥施用量，在秋梢停长后进行控水、拉枝或断根处理。

（2）保花保果。脐橙、温州蜜柑等无核少核类坐果率较低的品种，在谢花后1~4周内，用赤霉素、6-苄基腺嘌呤（6-BA）等植物生长调节剂涂幼果或喷布幼果。在花期、幼果期常有30℃以上持续高温并伴有干旱的地区，可对花枝喷布赤霉素或赤霉素与6-BA的混合液，或抹除部分春梢营养枝。干旱时及时灌水或对树冠喷水，并用秸秆等覆盖树盘，防止高温引起的异常落果。

（3）控花疏果。对生长势较弱、翌年是大年的植株或花量大、坐果率极低的品种，冬季修剪以短截、回缩为主，也可在11月前后花芽生理分化期对树冠喷布赤霉素1~2次。现蕾期进行花前复剪；强枝适当多留花，弱枝少留或不剪；有叶单花多留，无叶花少留或不留；摘除畸形花、病虫花等。在第二次生理落果结果后，根据叶果比疏果。适宜叶果比为：普通甜橙（40~50）:1，脐橙（50~60）:1，中晚熟温州蜜柑（20~25）:1，早熟温州蜜柑（30~35）:1，椪柑（60~70）:1，柚（150~300）:1。

（4）防止裂果。果实膨大期遇干旱时及时灌水，并进行树盘覆盖。土壤增施钾、钙肥，或初夏对树冠喷施磷酸二氢钾、氨基酸钙、腐殖酸钙等。在裂果高峰期发生前一个月左右，裂果较严重的品种可喷布10~30毫克/千克赤霉素，或用50~200毫克/千克赤霉素涂抹果实顶（脐）部。

◎ 标准化柑橘园怎样进行病虫害防治？

以农业防治和物理防治为基础，提倡生物防治，根据柑橘病虫害发生规律，科学安全地使用化学防治技术，最大限度地减轻农药对生态环境的破坏和对自然天敌的伤害，将病虫害造成的损失控制在经济受害允许水平之内。

按植物检疫法规的有关要求，对调运的柑橘苗木、果实及接穗进行检疫，防止植物检疫对象从发生区传入未发生区。新发展区须种植无病毒苗木。按柑橘标准化的要求进行土肥水管理、整形修剪和花果管理，提高植株抗病虫能力。应抹除夏梢和零星早秋梢，统一放秋梢，特别是中心虫株要人工摘除夏梢和早秋梢，以降低害虫基数，减少橘园用药次数。同时，冬季结合修剪，清除病虫枝、干枯枝，及时清除果园地面的落叶、落果，集中烧毁或深埋。并喷0.8~1波美度石硫合剂1次，减少越冬虫菌源。提倡使用诱虫灯、粘虫板、防虫网等无公害措施，人工引移、繁殖释放天敌等技术和方法。如利用频振式杀虫灯诱杀蛾类和金龟子成虫，利用糖、酒、醋液（饴糖2份、甜米酒1份、烂橘子汁或米醋1份、90％晶体敌百虫1份加水20份搅匀）诱杀大实蝇、拟小黄卷叶蛾等害虫。主要病虫害防治方法：

（1）防治适期和方法。①炭疽病。春、夏梢抽发期和果实成熟前及时喷药，每15天喷1次，连续3~4次；②疮痂病。春梢1~10毫米和谢花2/3时各喷药1次，秋季发病地区需再喷药；③黑斑病。花后30~45天喷药，每15天喷1次，连续3~4次；④螨类。橘全爪螨在春芽萌芽前有螨100~200头/百叶或有螨叶达50％、5~6月和9~11月达

500~600头/百叶时进行防治，柑橘锈螨在出现个别受害果或叶片、果实平均每视野有锈螨2头（手持10倍放大镜）时进行防治；⑤蚧类。第一代若虫盛发期是所有蚧类害虫化学防治的关键时期，矢尖蚧在第一代若虫初现后21天喷药，危害严重的15天后再喷药防治；⑥蚜虫类。在发现有无翅蚜危害或新梢有蚜率达到25%时进行喷药防治，每10天1次，连喷2~3次；⑦潜叶蛾。一般为5月中、下旬有越冬雌成虫的秋梢叶达10%以上时进行防治；⑧柑橘粉虱和黑刺粉虱。在越冬成虫初现后30~35天开始喷药，每10天喷1次，连喷2~3次。

（2）建议使用农药。包括矿物油、除虫脲、氟虫脲、吡虫啉、啶虫脒、哒螨灵、石硫合剂、氢氧化铜、代森锰锌等。药剂使用严格控制安全间隔期、施药量（浓度）和施药次数（附表），优先使用生物源农药和矿物源农药，注意不同作用机理的农药交替使用和合理混用。

◎ 怎样防治柑橘贮藏病害？

（1）果实开始转色时，选用甲基硫菌灵、多菌灵和波尔多液等喷施果实，减少贮藏期间菌源。杂柑采前用丙森锌、嘧菌酯等喷雾防治褐腐病。生长期间同时防治其他害虫。

（2）根据果实成熟度、用途和市场需求确定采收适期；成熟期不同的品种，分期采收；用于贮藏的果实，一般以果皮有2/3部分转黄、油胞充实、果肉尚坚实而未变软时采收；雨天、大雾、露水未干时不宜采收。

（3）在果实采收、分级、包装、入库和运输过程中轻拿轻放，修剪指甲，戴上手套，避免造成机械损伤；用果剪在果肩部平剪，不让果蒂松动；果箩不宜过深并加衬垫物，装果量不宜过多，以免挤压。

（4）提前7天用硫磺密闭熏蒸贮藏库。

（5）在采果后24小时内，选用噻菌灵、甲基硫菌灵、抑菌唑等药剂进行浸果，浸1~3分钟，捞出晾干。

（6）药剂处理后预贮2~5天，然后用聚乙烯薄膜袋进行单果包裹，贮藏于5~9℃、通风透气的贮藏库中。

杨梅标准化生产技术

◎ 怎样建立标准化杨梅园？

（1）园地选择。杨梅种植要求年平均温度15～21℃，≥10℃的有效积温4500℃以上，年平均降水量1000毫米以上，果实膨大转色期降水量＞160毫米，大气相对湿度在80%以上。选择土层深厚，pH值4.5～6.5，排水良好，富含石砾的红壤或黄壤，海拔高度800米以下，坡度25°以下的山地栽培。

（2）品种选择。应选择适应当地环境条件，具有良好经济性状和地方特色的品种。优良品种有黑晶、东魁、荸荠种、桐子杨梅、丁岙梅和晚稻杨梅等。

（3）栽植。一般在2月上旬至3月中旬萌芽前，选无风阴天栽植为宜。苗木以根系发达，无病虫害，生长健壮的1年生嫁接苗或多年生容器苗为宜。冬季较温暖地区也可在10月上旬至12月中旬栽植。栽植密度依造林地气候、土壤肥力、土层厚度和品种特性而异。株行距（4~5）米 ×（5~6）米，每亩种植22 ~ 33株。不宜采用先密后疏栽培方法。无野生杨梅的新区，应搭配0.2% ~ 0.5%的雄株，并根据花期风向和地形确定雄株位置。

◎ 标准化杨梅园怎样进行整形修剪？

杨梅树形一般采用自然开心圆头形，生长旺盛和枝条直立性强品种宜用疏散分层形。修剪时间分生长期修剪和休眠期修剪。生长期修剪在4~5月（春季修剪）和7~9月（夏季修剪）。休眠期修剪在11月至翌年3月中旬。

（1）幼树期。结合整形要求，以轻剪为主，选留培养好主枝、副主枝和侧枝，保持各级骨干枝应有的角度和从属关系，合理配置枝群，促进树冠形成。

（2）初结果期。继续选择和培养各级骨干枝上延长枝，扩展树冠。合理配置和调控营养枝及结果枝，侧枝去强留弱，缓和树势，促进花芽形成，保持适量结果。控制徒长枝、回缩衰弱枝，防止侧枝早衰。

（3）盛果期。剪去树冠上部直立枝和强枝，保持树冠开心形，光照充足。疏除密生枝，回缩衰退枝，部分侧枝上果枝短剪，促发预备枝，调节生长结果平衡，防止大小年结果。疏除或短剪徒长枝，促进分枝，填补树冠空缺。

（4）衰老期。根据树体衰老程度分别进行局部更新或全树更新。局部更新即将主枝或副主枝分2~3年分批进行短截处理，保留中下部抽生的强壮枝，抹除过多的萌蘖，以利更新复壮；全树更新是将全部主枝分2年在适当高度处锯去，在抽生的枝条中选择长势强健的作为主枝的更新枝，并培养好副主枝和侧枝，一般经2~3年就能恢复树冠。

◎ 标准化杨梅园怎样进行花果调控？

（1）促花。采用环状剥皮、拉枝、摘梢、短截和疏删等。

（2）疏花。花枝、花芽过量树，结合休眠期修剪适量剪去花枝，疏删密生、纤细、内膛小侧枝，减少花量。少部分结果枝短剪促进分枝。

（3）疏果。疏果2 ~ 3次，分别在盛花后20天和谢花后30 ~ 35天时进行，疏去密生果、劣果和小果，果实迅速膨大前再疏果定位。每果枝留1 ~ 4个，大果型品种留1~2个，小果型品种留3~4个。丰产年份多疏树冠上部果实。

◎ 标准化杨梅园怎样施肥？

实行平衡施肥，根据土地性质和植物营养特征，施足基肥，减少施肥次数，控制肥料用量，保证产品品质和减少对环境污染。提倡套种绿肥，以改善土壤环境。幼树施肥氮磷钾比例为4:1:3.5，成年结果树为1:0.3:4。成年树一般全年施肥2次。第1次为萌芽前的2~3月，以钾肥为主，配施氮肥，株施尿素0.25~0.5千克，加焦泥灰20~25千克或加硫酸钾0.5~1.0千克；第2次为采果后的6~7月，以有机肥为主，辅以速效氮肥，株施腐熟栏肥10~20千克或饼肥3~5千克。叶面喷肥使用的肥料种类、浓度和时间，依喷施目的和环境而异。用于促进果实生长发育，在果实膨大期喷施0.2%~0.3%磷酸二氢钾或0.3%硫酸钾等，缺硼树体喷施0.2%硼砂或0.1%水溶性硼。

◎ 标准化杨梅园怎样进行病虫害防治？

遵循“预防为主，综合防治”的植保方针，以农业防治为基础，加强栽培管理，提高树体自身的抗病虫害能力。及时清除病虫危害枝条，冬季清园，改善杨梅林的生态环境。根据病虫害发生、发展规律，因时、因地制宜，采用物理防治和生物防治方法，必要时采用化学防治方法，改进喷药技术，提倡低容量喷雾，将防治病虫危害的农药残留量控制在规定标准范围内，减少对环境污染，促进杨梅的可持续经营。提倡使用诱虫灯、粘虫板、防虫网等措施，人工捕杀衰蛾等诱虫、虫茧。优先使用生物源和矿物源等高效低毒低残留农药，严格控制安全间隔期、施药量和施药次数。主要病虫害防治方法：

（1）防治适期和方法。①癌肿病。3~4月份刮除病斑并涂抹药剂；②褐斑病。5月上旬和采果后各喷药一次；③赤衣病。冬季清园，涂白，生长季节用石硫合剂防治；④卷叶蛾类。4月上旬和7月中下旬喷药防治，摘除带卵叶片和被害新梢；⑤蚧类。重发生园在冬春季用松脂合剂清园，7月下旬和8月中旬防治2代若虫；⑥衰蛾类。幼虫孵化盛期和幼龄期喷药防治；⑦果蝇类。果实成熟期挂诱饵等诱杀或防虫网防虫。

（2）建议使用农药。包括石硫合剂、矿物油、氯菊酯、辛硫磷、多菌灵、乙蒜素等，药剂使用严格控制安全间隔期、施药量（浓度）和施药次数（附表），优先使用生物源农药和矿物源农药，注意不同作用机理的农药交替使用和合理混用。严禁在果实采收前40天喷施任何药剂。

◎ 怎么进行杨梅安全保鲜贮运？

（1）采收。果实采收成熟度根据销售终端地点不同而确定。近距离运输果实以充分成熟为宜；中距离运输果实以九成熟为宜；长距离和远距离运输果实以八九成熟为宜。杨梅成熟和采收日期因品种和立地条件而异，一般在6月中旬至7月上旬分批采收。采收过程应戴一次性薄膜卫生手套，要轻摘轻放，全程实现无伤操作。采果篮（筐）内壁光滑或垫柔软物，容量不超过2.5千克为宜。采果篮（筐）

不能翻装。果实随采随运，避免采后果实在太阳下暴晒。

（2）库房与容器消毒。库房经整理、清扫后，用0.1%次氯酸钠溶液喷洒消毒，消毒后密闭24小时，通风1~2天备用；产地预冷库房和销售端预贮库房要求相同处理。采果篮（筐）、周转箱等容器用0.1%次氯酸钠溶液清洗后，晾（晒）干，备用。

（3）预冷。将采果篮（筐）内的果实缓慢倾倒在垫有软物的塑料周转箱内或专用分级操作台上，在预冷库房内3~5℃下预冷6~12小时，或在0~2℃下强预冷2~3小时。

（4）分级与分装。在10~15℃的操作间进行分级和分装，操作者戴上一次性薄膜卫生手套，轻拿轻放。按果实大小和颜色进行分级，剔除受损伤果实。分级后果实用于近距离地区销售的，可以直接放入包装盒；进行中、长、远距离销售的果实宜分装入小筐（每筐1~2千克之间），小筐再放入塑料周转箱内，冷藏后进行包装。

（5）冷藏。经分级、分装果实置于1~5℃冷库或冷藏车贮藏。刚进入冷藏前12小时应每1小时检查冷藏库（车）内环境温度1次，12小时后每2小时检查1次；温度稳定后冷藏库（车）内变幅在±1℃；相对湿度控制在80%~90%。

（6）包装。包装盒每包装单位为2~2.5千克为宜，包装盒选用高度较低，果实放入不超过2层的塑料泡沫保温盒。包装尺寸可按照销售要求而定。封口前根据果实量和运输距离，在包装盒内的小筐之间放入生物冰袋，果实与生物冰袋重量比例为5:1，以维持中转过程的适宜温度。泡沫塑料箱封盖后，用透明宽胶带密封；泡沫箱外套特制防潮纸板箱（纸板箱印有规格和商标等）后运输。

（7）运输。冷藏杨梅的运输应采用冷藏车，远距离运输应选用飞机。运输工具应提前制冷，当厢体内部温度降至或低于5℃时才能够开始装货，运输时温度应稳定在1~5℃。冷藏杨梅装卸货的温度和时间应进行适当控制。卸货时温度应控制在8℃以内，并尽量缩短卸货时间，以维持该温度。杨梅运输宜从产地直接进入目的地卖场货架，期间不能再次分装；也可在1~5℃冷库贮藏，时间不超过2小时，期间应尽早分批上货架销售。

贮运期间严禁违规使用保鲜剂、防腐剂、添加剂等。

葡萄标准化生产技术

◎ 怎样建立标准化葡萄园？

（1）园地选择。选择地形平坦开阔、阳光充足、通风良好，土壤已经改良，质地疏松肥沃，有机质含量在1.5%以上，含盐量在0.17%以下，pH值6.5～7.5。土层深厚，活土层在60厘米以上，地下水位在100厘米以下，排水良好的地块建园。

（2）设施建造。南方多雨地区宜采用大棚等设施进行种植。大棚长度40~70米，宽度可根据地块宽度4.8~8.0米，棚高3.5~4.0米，肩高2米以上。

（3）品种选择。选择较强抗病性、抗逆性的优质品种，如巨峰、鄞红、夏黑、维多利亚、美人指等。

（4）栽植。选择当年生优良苗木，建议采用脱毒苗木。

栽植时间为12月至翌年1月。建园时每亩栽200株左右，结果后分期间伐，最终保留100~150株。

◎ 标准化葡萄园怎样进行大棚管理？

（1）温度管理。1月开始覆盖大棚薄膜进行保温，大棚葡萄温度控制分3个阶段：①萌芽期。从封膜后到萌芽，温度要慢慢上升，前5天大棚温度控制在15~20℃，逐渐上升到28~32℃，当棚温超过30℃时，要及时地通风、降温、换气，夜间做好保温。②花期前后。白天尽量增加日照升温，保持15~28℃，夜间注意做好保温，以利于授粉受精，提高坐果率。③果实膨大至成熟期。白天维持28~32℃，夜间15~17℃，白天后期控制以32℃为上限，注意通风降温。

（2）湿度管理。大棚葡萄湿度按先高、后低、中间平的原则管理。即促芽期湿度最高，在90%以上；采收期最低，小于60%；中间开花期、果实膨大期湿度保持中间状态，控制在50%~70%。

（3）光照管理。选用透光性强的流滴膜。及时清扫棚膜上的灰尘、水滴，提高透光性。在果实开始着色时，将遮光的老叶摘除，疏除果实周围的遮光枝，在5月中下旬后，晴天时及时打开顶膜，让果实在自然条件下受光，有利于提高着色程度。

◎ 标准化葡萄园怎样进行土肥水管理？

（1）土壤管理。每年10月间结合施有机肥进行深翻改土。每亩施腐熟有机肥1000千克或商品有机肥500千克，在植株两侧距树干60~80厘米处开条沟施肥，与土拌匀后将沟填平，每年交叉位置；也可以撒施后全园深翻，深度一般为30厘米左右。促成栽培期间进行地膜覆盖，以降低空气湿度，减少灰霉病的发生；避雨栽培期间实行生草制，露地栽培期间可间作豆科作物或蔬菜。

（2）水分管理。大棚覆膜前5天浇大水1次，以浇透为准。萌芽后至开花前浇2次中水。花后幼果膨大期与果实软化期各浇一次中水。高温干旱期每5~7天浇1次小水。保持10厘米以下土层湿润。采收结果后及时浇一次中水。

（3）土壤追肥。覆膜后15天，每亩施复合肥10千克，对树势弱的树体在新梢长到5~7叶时加施复合肥10千克；坐果后每亩施复合肥20千克，分二次施入；着色前每亩施硫酸钾镁肥7.5~10千克；采果后每亩施15~20千克复合肥，以恢复树势。氮：磷：钾比例为1:0.5:1.3。

（4）叶面喷肥。新梢发育初期结合防病叶片喷施0.1%~0.2%有机液肥1~2次；花期前后叶片喷施硼肥，果实生长期和采果后每隔10~15天叶面喷施钾、锌、钙等微量元素2~3次。

◎ 标准化葡萄园怎样进行整形修剪？

（1）冬季修剪。修剪时间以12月为宜。冬季修剪一般以枝条均匀排布棚架空间，同时注意枝条更新为原则，要因树势强弱的不同采用不同的修剪方法，弱树要重剪，强树要轻剪。每亩留芽量7000～8000个，遇灾害年份后留20%预备。欧美杂交种品种（巨峰、藤稔等）结果母枝多选留直径在0.6～0.8厘米的一年生成熟枝条。欧亚种（维多利亚等）结果母枝多选留直径在1～1.2厘米的一年生成熟枝条。结果母枝剪留架式、树形、树龄、品种而定，一般保留3~10个芽。

（2）夏季修剪。萌芽后及时抹芽，抹除复芽、芽眼过密、发育不良、着生位置不当、向下芽及生长特早特旺的顶芽。见花序后，根据产量目标、果穗大小、品种确定留梢量，并分批抹除无花序的新梢和过密的新梢，一般1根结果母枝留2~4个结果枝。保留基部的中庸枝作更新枝，防止结果部位外移。

坐果率低的品种在全园见首花时摘心，坐果率高的品种在花后摘心。一般花穗上留6~8片叶摘心，抹除花下全部副梢，花上副梢留1~2片叶摘心，以后副梢上出来的新副梢，顶部留2~3片叶连续摘心，其他留1片叶连续摘心。成龄树每亩保留2200～2800根新梢，叶面积系数维持在1.5～2.0。

◎ 标准化葡萄园怎样进行花果管理？

（1）疏花序。首先将结果枝上的弱小、畸形、过密和位置不当的花序疏除，一般结果枝只保留1个花序，健壮结果枝可酌情保留2个花序，生长势弱的不留花序。选留花序量要与负载量指标相吻合，一般亩产指标为1500千克的葡萄园可根据果穗大小选留2000~2500个花序。

（2）果穗整形。①去副穗和掐穗尖。花前1周掐去第一副穗和花序前端1/4~1/5的穗尖；②顺穗。在坐果前后结合绑蔓把搁置在铁丝上或枝蔓上的果穗逐一顺理到棚面下来；③抖穗。在顺理的同时将果穗轻轻振抖几下，抖落干瘪和受精不良的小粒。顺穗和摇穗以下午进行为好，此时穗梗柔软，不易折断。

（3）疏果。疏果的时间以坐果后果粒似黄豆粒大小时进行为宜，疏掉小粒、过密粒，使果粒大小均匀整齐。留果粒数量视品种而定，大果粒大穗形留50~60粒，大果粒中穗形留30~40粒，小粒小穗形留60~80粒。

（4）套袋。套袋一般在花后20天，即生理落果后进行。套袋前全园喷布一遍高效、低毒的杀菌剂和杀虫剂的混合药液，待药液干后立即实行全园套袋。黄色、白色品种和易着色的品种，可在果实采收前3~4天除袋或带袋采收，其他品种一般在果实采收前10~20天除袋。除袋前，先打开果袋底部，5~7天后再将果袋全部摘除。

（5）环剥。在果实着色初期对主干或主枝进行环剥，宽度为枝蔓直径的1/10，可促进着色，提高品质和提早果实成熟期。

◎ 标准化葡萄园怎样进行病虫害防治？

遵循“预防为主、综合防治”的植保方针，合理选用农业防治、物理防治和生物防治，根据病虫害发生的经济阈值，适时开展化学防治。加强夏季管理，避免树冠郁闭，创造良好的通风透光条件。保持果园清洁，每年秋冬季节将剪下的枯枝、落叶，剥掉的蔓上老皮，清扫干净，集中烧毁或深埋，减少翌年的病虫源。提倡使用诱虫灯、粘虫板等措施，人工繁殖释放天敌。优先选用生物源和矿物源等高效低毒低残留农药。主要病虫害防治方法：

（1）防治适期和方法。①黑痘病。重病园区在葡萄芽鳞膨大后喷药，花前、花后各喷药一次，果实生长期视病情喷药；②炭疽病。花穗期发病普遍的地区应在初花期喷药，防治果实炭疽病应在果实膨大后期喷药；③霜霉病。病菌初侵染时喷药防治，隔15天左右喷1次，连续2~3次；④灰霉病。花前或葡萄转色前喷药防治，隔10~15天喷1次，连续2~3次；⑤白粉病。芽膨大期、开花期前后及果实套袋前重点防治。

（2）建议使用农药。包括石硫合剂、腈菌唑、代森锰锌、烯唑醇、异菌脲、嘧霉胺、腐霉利、戊唑醇、氰霜唑、烯酰吗啉、氰菌唑等。药剂使用严格控制安全间隔期、施药量（浓度）和施药次数（附表），优先使用生物源农药和矿物源农药，注意不同作用机理的农药交替使用和合理混用。

◎ 怎么进行葡萄冷藏保鲜？

（1）采收要求。冷藏保鲜用的葡萄采收成熟度可依据葡萄的可溶性固形物含量、生育期、生长积温、种子的颜色或有色品种的着色深浅等综合确定。采收时间应在早晨露水干后或下午3时以后、气温凉爽时进行。不宜在阴天、雾天、雨天、烈日暴晒下采收。采收过程中做到轻拿轻放，尽量避免碰伤果穗和抹掉果实表面的果粉，并尽量带有长的穗梗。

（2）包装与运输。外包装可采用厚瓦楞纸板箱、木条箱、塑料周转箱等。箱体不宜过高并呈扁平形。内包装宜采用洁白无毒、适于包装食品的0.02~0.03毫米厚高压低密度聚乙烯塑料袋。包装前对果穗上的伤粒、病粒、虫粒、裂粒、日灼粒、夹叶及过长穗尖进行剪除、整理。装箱时先内衬塑料袋，葡萄要排列整齐，穗梗朝上，穗尖朝下，单层斜放，每箱重量要一致，装妥后扎紧塑料袋口。选择减震好的运输工具，装车要摆实、绑紧，层间加上隔板，防止颠簸摇晃使果实受损伤，尽量减少或避免运输环节产生的机械伤。

（3）预冷。采后立即对葡萄进行预冷。预冷时打开箱盖及包装袋，温度可在 -1~0℃。巨峰等欧美杂交品种，预冷时间过长容易引起果梗失水，因此，应限定预冷时间在12小时左右。另外，入贮葡萄要分批入库，避免集中入库导致库温骤然上升和降温困难。

（4）冷藏管理。葡萄多数品种的最佳贮藏温度为 -1~0℃，在整个冷藏期间要保持库温稳定，波动幅度不得超过 ±5℃。贮藏期间库房内相对湿度保持在90%~95%。为确保库内空气新鲜，要利用夜间或早上低温时进行通风换气，但要严防库内温、湿度的波动过大。定期检查葡萄贮藏期间的质量变化情况。

贮运期间严禁违规使用保鲜剂、防腐剂、添加剂等。

梨标准化生产技术

◎ 怎样建立标准化梨园？

（1）园地选择。选择土壤肥沃，有机质含量在1.0%以上，土层深厚，活土层在50厘米以上，地下水位在1米以下，土壤pH值6~8，含盐量不超过0.2%的平地或山地建园。有风害地区，应营造防风林。

（2）品种选择。品种选择应以区域化和良种化为基础，遵照梨区划，结合当地自然条件，选择优良品种及砧木。实行适地适栽。长江流域及以南地区为砂梨适宜区，优良砂梨品种有翠冠、翠玉、初夏绿、圆黄、丰水、黄冠、玉冠等。

（3）栽植。平地和6°以下的缓坡地为长方形栽植；6°~15°的坡地为等高栽植。根据土壤肥水、砧木和品种特性确定栽植密度，乔砧密植栽培株行距为（3~4）米 ×（4~5）

米。主栽品种和授粉品种果实经济价值相仿时，可采用等量成行配置，否则实行差量成行配置，主栽品种与授粉品种的栽植比例为（4~5）：1。同一果园内栽植2~4个品种。冬季温暖、湿润的地区适于秋栽。气候寒冷、干旱和风大的地区，多采用春栽。

◎ 标准化梨园怎样进行土肥水管理？

（1）土壤管理。幼树栽植后，从定植穴外缘开始，每年秋季结合秋施基肥向外深翻改土。行间提倡间作白三叶草、百喜草等绿肥作物，通过翻压、沤制等方法将其转变为梨园有机肥。有灌溉条件的梨园提倡行间生草制。清耕区内经常中耕除草，保持土壤疏松无杂草，中耕深度5~10厘米。树盘内提倡秸秆覆盖，以利保湿、保温、抑制杂草生长、增加土壤有机质含量。

（2）施肥。秋季采收后，结合深翻改土进行。以有机肥为主，结果树按每生产1千克果实施有机肥1千克以上的比例施用，并施入少量速效氮肥和全年所需磷肥。这一时期氮肥（主要是指有机肥中的氮肥）的施用量应达到全年用量的50％左右。萌芽前10天左右，追施全年氮肥用量的20％，落花后施入全年氮肥用量的20％和全年钾肥用量的60％。果实膨大期施入全年钾肥用量的40％和全年氮肥用量的10％。其他时间根据具体情况，采用根外追肥补充营养需求。

（3）水分管理。灌水时期应根据土壤墒情而定，通常包括萌芽水、花后水、催果水和冬前水等4个时期。灌水后及时松土，水源缺乏的果园还应用作物秸秆等覆盖树盘，以利保墒。提倡采用滴灌、渗灌、微喷等节水灌溉措施。当果园出现积水时，要利用沟渠及时排水。

◎ 标准化梨园怎样进行整形修剪？

根据自然地理环境和栽培方式不同而采用不同的树形，一般长江流域及以南地区梨树宜采用开心形或棚架树形。

（1）幼树期和初结果期。实行“轻剪、少疏枝”。根据树形要求选好骨干枝、延长头，进行中截，促发长枝，培养树形骨架，加快长树扩冠。拉枝开角，调节枝干角度和枝间主从关系，促进花芽形成，平衡树势。

（2）盛果期。调节树体生长和结果之间的关系，促使树势中庸健壮，保持枝组年轻化及树冠结构良好。及时落头开心，疏除外围密生旺枝和背上直立旺枝，改善冠内光照。对枝组做到选优去劣，去弱留强，疏密适当，3年更新，5年归位，树老枝幼。

（3）更新复壮期。当产量降至不足1000千克 /亩时，对梨树进行更新复壮。每年更新1~2个大枝，3年更新完毕，同时做好小枝的更新。

◎ 标准化梨园怎样进行花果管理？

（1）授粉。除自然授粉外，采用蜜蜂或壁蜂传粉和人工点授等方法辅助授粉，以确保产量，提高单果重和果实整齐度。

（2）疏花疏果。及早疏除过量花果和病虫花果。每隔20厘米留一个花序，每个花序留一个发育良好的边果。按照留优去劣的疏果原则，树冠中下部多留，枝梢先端少留，侧生背下果多留，背上果少留。

（3）套袋。套袋于落花后30~35天进行。套袋前喷药防治黑星病、轮纹病、蚜虫和梨木虱等病虫害，重点喷果面。药干后即行套袋。套袋时防止纸袋贴近果皮。

◎ 标准化梨园怎样进行病虫害防治？

以农业防治为基础，生物防治为核心，按照病虫害发生的经济阈值，合理使用化学防治技术，经济、安全、有效地控制病虫危害。控制氮肥施用量，生长季注意控水、排水，防止徒长，减轻轮纹病和黑星病等病害的危害。严格疏花疏果，合理负载，保持树势健壮。萌芽前刮除枝干的翘裂皮、老皮，清除枯枝落叶，消灭越冬病虫。在梨树行间和梨园周围种植有益植物，增加物种多样性，提高天敌有效性，控制次要病虫发生。加强病虫发生动态测报，适期进行化学防治。主要病虫害防治方法：

（1）防治适期和方法。①黑星病。4~5月份病原菌繁殖累积期、6月份流行始期及果实采收前1个月进行喷药防治；②黑斑病。4月下旬至7月上旬视病情喷药防治；③锈病。萌芽期至展叶后25天内进行喷药防治；④轮纹病。4月下旬至5月上旬、6月中下旬、7月中旬至8月上旬进行喷药防治；⑤梨茎蜂。3月下旬成虫羽化期喷第一次药，4月上旬危害高峰期喷第二次药防治；⑥梨小食心虫。4月中旬至5月中旬，卵果率达到0.3%~0.5%时，并有个别幼果蛀果时喷药防治；⑦梨木虱。3月中旬越冬成虫出蛰盛期和梨落花95%左右（第一代若虫孵化）时喷药防治。

（2）建议使用农药。包括石硫合剂、氟硅唑、三唑酮、烯唑醇、苯醚甲环唑、腈菌唑、多菌灵、矿物油、阿维菌素、氯菊酯、辛硫磷、吡虫啉等。药剂使用严格控制安全间隔期、施药量（浓度）和施药次数（附表），优先使用生物源农药和矿物源农药，注意不同作用机理的农药交替使用和合理混用。

桃标准化生产技术

◎ 怎样建立标准化桃园？

（1）园地选择。土壤质地以砂壤土为好，pH值4.5~7.5可以种植，但以5.5~6.5微酸性为宜，含盐量在0.1%以下，地下水位在1米以下。不要在重茬地建园。平地及坡度在6°以下的缓坡地，栽植行为南北向。坡度在6°~20°的山地、丘陵地，栽植行沿等高线延长。

（2）品种选择。根据气候，结合品种的类型、成熟期、品质、耐贮运性、抗逆性等制定品种规划方案。优良品种有湖景蜜露、锦绣、春雪、新川中岛、金秋红蜜等。主栽品种与授粉品种的比例一般在（5~8）∶1。

（3）栽植。秋季落叶后至次年春季桃树萌芽前均可以栽植，以秋栽为宜。栽植密度应根据园地的立地条件（包括气候、土壤和地势等）、品种、整形修剪方式和管理水平等而定，一般株行距为（2~4）米 ×（4~6）米。

◎ 标准化桃园怎样进行土肥水管理？

（1）土壤管理。每年秋季果实采收后结合秋施基肥深翻改土。生长季降雨或灌水后，及时中耕松土，中耕深度5~10厘米。提倡桃园实行生草制。种植的间作物应与桃树无共性病虫害的浅根、矮秆植物，以豆科植物和禾本科为宜，适时刈割翻埋于土壤或覆盖于树盘。

（2）施肥。根据土壤和叶片的营养分析进行平衡施肥。秋季果实采收后施入基肥，以有机肥为主，混加少量化肥。施肥量按1千克桃果施1.5~2.0千克优质农家肥计算。施用方法以沟施为主，施肥部位在树冠投影范围内。追肥的次数、时间、用量等根据品种、树龄、栽培管理方式、生长发育时期以及外界条件等而有所不同。幼龄树和结果树的果实发育前期，追肥以氮磷肥为主；果实发育后期以磷钾肥为主。距果实采收期20天内停止叶面追肥。

（3）水分管理。芽萌动期、果实迅速膨大期和落叶后封冻前应及时灌水；在多雨季节通过沟渠及时排水。

◎ 标准化桃园怎样进行整形修剪？

（1）主要树形。①三主枝开心形（图3-1）。干高40~

50厘米，选留3个主枝，在主干上分布错落有致，主枝方向不要正南；主枝分枝角度在40°~70°；每个主枝配置2~3个侧枝，呈顺向排列，侧枝开张角度70°左右。②两主枝开心形（图3-2）。干高40~50厘米，两主枝角度60°~90°，主枝上着生结果枝组或直接培养结果枝。

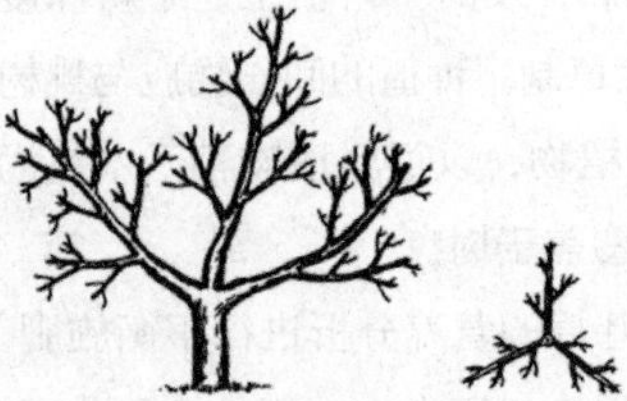

图3-1　三主枝自然开心形

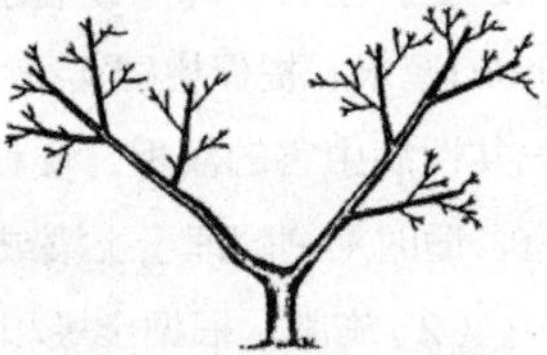

图3-2　两主枝自然开心形

（2）修剪。幼树期及结果初期主要以整形为主，尽快扩大树冠，培养牢固的骨架；对骨干枝、延长枝适度短截，对非骨干枝轻剪长放，提早结果，逐渐培养各类结果枝组。盛果期修剪的主要任务是前期保持树势平衡，培养各种类型的结果枝组。中后期要抑前促后，回缩更新，培养新的枝组，防止早衰和结果部位外移。结果枝组要不断更新。应重视夏季修剪。

◎ 标准化桃园怎样进行花果管理？

（1）疏花疏果。根据品种特点和果实成熟期，通过整形修剪、疏花疏果等措施调节产量，一般每亩在1250~2500千克。疏花在大蕾期进行；疏果从落花后两周到硬核期前进行。具体步骤先里后外，先上后下；疏果首先疏除小果、双果、畸形果、病虫果，其次是朝天果、无叶果枝上的果。选留部位以果枝两侧、向下生长的果为好。长果枝留3~4个，中果枝留2~3个，短果枝、花束状结果枝1个或不留。

（2）果实套袋。在定果后及时套袋。套袋前要喷1次高效、低毒的杀菌剂和杀虫剂的混合药液。套袋顺序为先早熟后晚熟，坐果率低的品种可晚套、减少空袋率。解袋一般在果实成熟前10~20天进行；不易着色的品种和光照不良的地区可适当提前解袋；解袋前，单层袋先将底部打开，逐渐将袋去除；双层袋应分两次解完，先解外层，后解内层。果实成熟期雨水集中的地区、裂果严重的品种也可不解袋。

◎ 标准化桃园怎样进行病虫害防治？

遵循“预防为主，综合防治”的植保方针，以农业和物理防治为基础，提倡生物防治。避免与梨、苹果、李等混栽，减少梨小食心虫、桃小食心虫、桃蛀螟等病虫的危害；果园防风林避免选择杨树，减少介壳虫的危害。合理修剪，保持树冠通风透光良好；合理负载，保持树体健壮。采取剪除病虫枝、人工捕捉、清除枯枝落叶、翻树盘、地面秸秆覆盖、地面覆膜、科学施肥等措施抑制或减少病虫害发生。

桃主要病虫害包括：穿孔病、疮痂病、炭疽病、流胶病、褐腐病、蚜虫、桃小食心虫等。根据防治对象的生物学特性和为害特点，提倡使用生物源农药、矿物源农药，禁止使用剧毒、高毒、高残留和致畸、致癌、致突变农药。使用化学农药时严格按照国家有关规定控制施药量与安全间隔期。建议使用农药及安全间隔期、施药量（浓度）见附表，注意不同作用机理的农药交替使用和合理混用。

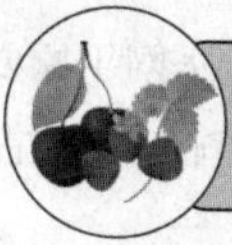

枇杷标准化生产技术

◎ 怎样建立标准化枇杷园？

（1）园地选择。选择砂质土或改良后的红黄壤土，有机质含量≥1.0%，地下水位在1米以下，土壤pH值5.5~7.5的平地或坡度低于20°以下、相对高度在100米以下的向阳避风的山地建园。

（2）品种选择。品种选择应区域化和良种化为基础，结合本地自然条件，选择优良品种实行适地适栽。白肉果优良品种：宁海白、软条白沙、白玉、丽白等；红肉果优良品种：早钟六号、大五星、大红袍、洛阳青等。

（3）栽植。春植3月上旬至4月上旬，秋植10~11月。株行距（3~4）米×（4~5）米。一园应栽2个或2个以上品种，以利授粉，主栽品种与授粉品种的栽植比例为（4~5）:1，并分散种植。

◎ 标准化枇杷园怎样进行土肥水管理？

（1）土壤管理。深翻扩穴，增施有机肥改土。每年深翻扩穴一次，4~5年达到全园深翻一遍。水网平原要每年挑培客土扩墩。夏季园地实施生草栽培或割草覆盖在根盘，以防高温。

（2）施肥。根据土壤地力确定施肥量。幼龄树薄肥勤施，3~10月隔月1次，11月至翌年1月间施冬肥1次。结果树一年施3次肥，氮磷钾比例为1：0.8：0.9。以年株产25千克果实的成年树为例，每株约为纯氮0.25~0.30千克，磷0.20~0.25千克，钾0.23~0.27千克，有机肥应大于40%。3月下旬至4月初施春肥，多施磷、钾肥等速效肥，占全年施肥量15%~20%；采收结束前1星期施夏肥，施速效肥，以氮肥为主，配合磷钾肥，占全年施肥量50%以上；开花前施秋肥，以有机肥为主，重磷钾肥，配合氮肥，占全年施肥量30%~35%。

（3）水分管理。果实迅速膨大期和采果后7~8月高温干旱季节要及时灌水或喷水，灌水后及时松土。当果园出现积水时，要利用沟渠及时排水。

◎ 标准化枇杷园怎样进行整形修剪？

（1）整形。常见树形有疏散分层形、双层开心形（图3-3）等。以双层开心形为例，在离地面50～60厘米处定干，从顶芽以下抽生的侧枝中选留3～4枝，培养成第一层主枝；第二年继续让主干顶芽向上生长，在距第一层主枝100～150厘米处再选留3条健壮枝培养成第二层主枝。上、下两层的主枝错开排列。把主干顶部剪去，落头开心。

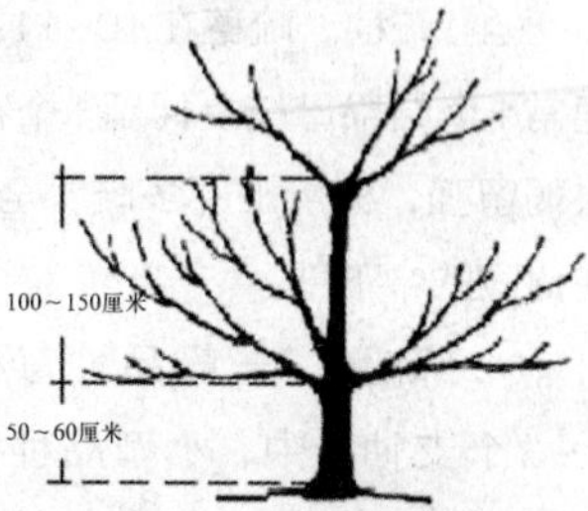

图3-3　枇杷双层开心形

（2）修剪。枇杷修剪在以下3个时期进行，春剪：在3月下旬至4月上旬定果之前；夏剪：在6月采果后；秋剪：在10月现花蕾初花期。以夏剪为主。通常在采后1个月内进行修剪。先剪除徒长枝、细弱枝、病虫枝、交叉枝等，对已结果的枝梢或枝组进行回缩或疏除，连续几年结果后形成的果痕枝也要回缩更新。开花前进行秋剪，对花穗多的树体要补剪一次，疏除部分结果枝或仅剪去花穗，不使结果过多。

◎ 标准化枇杷园怎样进行花果管理？

（1）疏穗。疏穗在10~11月份花蕾幼穗显露至开花前。通常1个结果母枝上保留1个花穗，去斜留直，去迟留早，去弱留强，树冠上部多疏。全树所留花穗的60%~70%宜在树冠的中下部。

（2）疏蕾。一般品种每穗留2~3个支轴，中、小型品种每穗留3~5个支轴。疏除花穗基部和顶端的花蕾，保留花穗中部的花蕾（图3–4）。

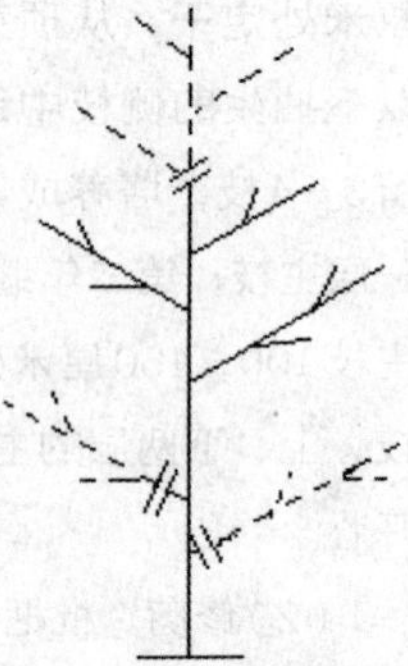

图3–4 枇杷疏蕾示意图

（3）疏果。在2月下旬至3月上中旬进行第一次疏果，疏除病虫、擦伤、畸形、过密果、小果。第二次疏果在4月上旬进行，留果总量可按计划采收量的1.2倍进行留果，单穗留果量根据品种特性、结果母枝粗度和叶片数而定，一般11张叶片以上留3~4粒，8~10张叶片留2~3粒，5~7张叶片留1粒，5张叶片以下不留果。

（4）套袋。在4月上旬第二次疏果后进行套袋，套袋前要喷一次高效、低毒的杀虫剂与杀菌剂的混合药液。采用枇杷专用果袋(白纸袋)。原则上1个果袋套2~3个果。先从树顶开始套袋，然后向下、向外套，袋口扎紧。在采果前5~10天去掉果袋，使果面接受光照以利着色。

◎标准化枇杷园怎样进行防冻？

(1)品种选择。在早春有寒流的地区应选择花期长的品种，若前期幼果受冻，后期的花仍可避开低温取得一定产量。

(2)晾根。花前1个半月将树冠下的表土挖开，深度10~15厘米，露出部分粗根进行晾晒，半个月后再施肥覆土，能促发新根，延迟花期。

(3)叶面喷肥。11月至翌年2月中旬每隔10~15天喷1次0.3%磷酸二氢钾+0.3%硼砂。

(4)烟熏。在低温即将来临时，在果园内用垃圾、杂草、秸秆和发烟剂等点火熏烟。

(5)大棚栽培。11月上旬盖膜，开花期日温控制在10~22℃，最高温度不超过24℃，夜温不低于0℃；幼果缓慢发育期日温控制在10~25℃，最高温度不超过30℃，夜温不低于2℃；果实膨大期日温控制在22~26℃，最高温度不超过35℃，夜温不低于7℃；果实成熟期日温控制在25~30℃，最高温度不超过35℃，夜温不低于7℃。湿度控制在70%~85%。

◎ 标准化枇杷园怎样进行病虫害防治？

遵循“预防为主，综合防治”的植保方针，根据病虫害草发生规律，以农业防治为基础，合理运用化学防治和物理防治，以及时、安全、有效地控制病虫害。开沟排水，降低地下水位。果实采收后及时清除病果、病梢，用0.3~0.5波美度石硫合剂进行清园。对黄毛虫、衰蛾类采用人工捕杀幼虫、卵块和虫茧；注意捕杀天牛成虫和杀灭枝干上的天牛幼虫和卵。

枇杷主要病虫害包括：灰斑病、炭疽病、枝干腐烂病、黄毛虫、天牛等。建议使用农药及安全间隔期、施药量（浓度）见附表，优先使用生物源农药和矿物源农药，注意不同作用机理的农药交替使用和合理混用。

第四章

安全果品的认证与要求

安全果品包括无公害果品、绿色果品和有机果品。产地环境符合相关安全果品产地环境质量标准，生产过程符合相关安全果品生产操作规程，产品质量符合相关安全果品质量标准，产品包装、贮运符合相关安全果品包装、贮运标准。申请安全果品认证的主体必须取得国家工商行政管理部门或有关机构注册登记的法人资格。

无公害果品

◎ 无公害果品应具备哪些条件？

（1）产地环境应符合相应无公害农产品产地环境要求，达到规定的用水、土壤、空气的质量指标，符合相应的产地环境国家标准。

（2）制定并执行农产品的生产技术规程和加工技术规程。

（3）果品的安全质量应符合相应的国家标准要求，达到规定的农产品的重金属及有害物质限量和农药最大残留限量。

◎ 无公害果品的生产管理应当符合什么条件？

（1）生产过程符合无公害果品生产技术的标准要求；

（2）有相应的专业技术和管理人员；

（3）生产过程严格按规定使用农业投入品；

（4）有完善的质量控制措施，并有完整的生产和销售记录档案。

◎ 什么是无公害果品整体认证？

为适应农业发展的形势需要，实现无公害果品认证与现代农业示范区和标准化生产示范园（场）建设等工作的有机衔接，根据《无公害农产品管理办法》《无公害农产品产地认定程序》和《无公害农产品认证程序》规定，在坚持现有认证制度条件下，将申请人最近3年计划种植所有产品的认证由过去的需要多次申报调整为一次申报的整体认证方式，实现从保障单一产品安全向控制基地生产过程安全的方式转变，从产品合格性评定向生产主体综合性评价的方式转变，改进标志的使用方式，强化标志的质量证明和质量追溯的功能，发挥无公害果品标准化生产的示范带动作用，全面加快无公害果品又好又快发展。

◎ 无公害果品整体认证的申报条件怎样？

无公害果品整体认证的申请人须具有一定生产规模，组织化程度高、质量安全自律性强，并按有关要求提交申报材料。

（1）主体资质要求。申请人应具有集体经济组织、农民专业合作社或企业等独立法人资格，具有组织管理无公害农产品生产和承担责任追溯的能力。

（2）产地规模要求。生产基地应集中连片，产地区域范围明确，产品相对稳定，具有一定的生产规模（300亩以上）。

（3）生产管理要求。由法定代表人统一负责生产、经营、管理，建立了完善的投入品管理（包括当地政府针对农业投入品使用方面的管理措施）、生产档案、产品检测、基地准出、质量追溯等全程质量管理制度。近3年内没有出现过果品质量安全事故。

（4）申报材料要求。除现有无公害果品认证需要提交的材料外，还要提交土地使用权证明、3年内种植计划清单、生产基地图等3份材料。其中《无公害农产品产地认定与产品认证申请书》封面的材料编号在原编号基础上加后缀“ZT”，申报类型选择整体认证。

◎ 无公害果品整体认证需要哪些申报材料？

申请人可以直接向所在县级农产品质量安全工作机构提出无公害果品产地认定和产品认证一体化申请，并提交以下材料。

（1）《无公害农产品产地认定与产品认证申请书》；

（2）无公害农产品生产质量控制措施，包括企业在质量安全控制的组织机构及其职能，病虫害防治措施，农药使用管理措施，肥料使用管理措施等方面的相关文件和制度；

（3）无公害农产品生产操作规程；

（4）《产地认定证书》或者《产地环境检验报告》和《产地环境现状评价报告》或者《产地环境调查报告》；

（5）《无公害农产品认证现场检查报告》；

（6）《产品检验报告》；

（7）申请者必须具备的资质证明文件。如营业执照等复印件；

（8）规定提交的其他相应材料。如商标证书的复印件、无公害农产品内检员证书等。

◎ 无公害果品产地认定和产品认证的申报程序如何？

（1）申报主体。凡符合无公害果品认证条件的单位和个人，可以向所在地县级农产品质量安全工作机构（简称“工作机构”）提出无公害果品产地认定和产品认证申请，并提交申请书及相关材料。

（2）县（区）级工作机构。县（区）级工作机构自收到申请之日起10个工作日内，负责完成对申请人申请材料的形式审查。符合要求的，报送地市级工作机构审查。申请材料初审不符合要求的，书面通知申请人整改、补充材料。

（3）地市级工作机构。地市级工作机构自收到申请材料、县级工作机构推荐意见之日起15个工作日内，对全套材料进行符合性审查。符合要求的，报送省级工作机构。不符合要求的，书面告知县级工作机构通知申请人整改、补充材料。

（4）省级工作机构。省级工作机构自收到申请材料及推荐、审查意见之日起20个工作日内，完成材料的初审工作，并组织或者委托地县两级有资质的检查员进行现场检查。通过初审的，报请省级农业行政主管部门颁发《无公害农产品产地认定证书》，同时将全套材料报送农业部农产品质量安全中心各专业分中心复审。各专业分中心自收到申请材料及推荐、审查、初审意见之日起20个工作日内，完成认证申请的复审工作，必要时可实施现场核查。通过复审的，将全套材料报送农业部农产品质量安全中心审核处。

（5）农业部农产品质量安全中心。农业部农产品质量安全中心自收到申请材料及推荐、审查、初审、复审意见之日起20个工作日内，对全套材料进行形式审查，提出形式审查意见并组织无公害农产品认证专家进行终审。终审通过符合颁证条件的，由农业部农产品质量安全中心颁发《无公害农产品证书》。

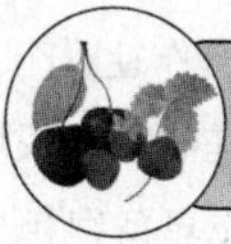

绿色果品

◎ 申请使用绿色食品标志的果品应该具备什么条件？

申请使用绿色食品标志的果品，应当符合《中华人民共和国食品安全法》和《中华人民共和国农产品质量安全法》等法律法规规定，在国家工商总局商标局核定的范围内，并具备下列条件。

（1）产品或产品原料产地环境必须符合绿色食品产地环境质量标准；

（2）生产过程必须符合绿色食品生产操作规程，农药、肥料等投入品使用必须符合绿色食品投入品使用准则；

（3）产品质量必须符合绿色食品产品质量标准；

（4）产品的包装、贮运必须符合绿色食品包装、贮运标准。

◎ 申请使用绿色食品标志的生产单位应该具备什么条件？

绿色果品申请人应为在国家工商行政管理部门登记取得《营业执照》的企业法人、农民专业合作社、个人独资企业、合伙企业和个体工商户等，以及其他国有农场、国有林场和兵团农场等生产单位，同时还应具备绿色果品生产的环境条件和技术条件；具备完善的质量管理体系和较强的抗风险能力；具有依法承担产品质量安全责任的能力；加工产品的申请人须生产经营一年以上。并应当具备下列条件。

（1）能够独立承担民事责任；

（2）具有绿色食品生产的环境条件和生产技术；

（3）具有完善的质量管理和质量保证体系；

（4）具有与生产规模相适应的生产技术人员和质量控制人员；

（5）具有稳定的生产基地；

（6）申请前三年内无质量安全事故和不良诚信记录。

◎ 绿色果品需要哪些申请材料？

申请人向其所在市绿办提出绿色果品认证申请时，应提交下列材料。

（1）《绿色食品标志使用申请书》；

（2）《企业及生产情况调查表》；

（3）保证执行绿色食品标准和规范的声明；

（4）生产操作规程（种植规程、加工规程）；

（5）公司对“基地+农户”的质量控制体系（包括合同、基地图、基地和农户清单、管理制度）；

（6）产品执行标准；

（7）产品注册商标文本（复印件）；

（8）企业营业执照（复印件）；

（9）加工品需提供在有效期内的全国工业产品生产许可证（复印件）；

（10）企业质量管理手册；

（11）要求提供的其他材料。

◎绿色果品的申请程序如何？

（1）认证申请。申请人领取、填写并向所在绿色食品办公室（简称“省绿办”）递交《绿色食品标志使用申请书》《企业及生产情况调查表》及其他材料。

（2）受理及文审。省绿办在5个工作日内完成对申请认证材料的审查工作，并向申请人发出《文审意见通知单》。申请认证材料不齐全的，要求申请人收到《文审意见通知单》后10个工作日内提交补充材料。

（3）现场检查。省绿办在《文审意见通知单》中明确现场检查计划，并在计划得到申请人确认后委派2名或2名以上检查员进行现场检查。现场检查工作在3个工作日内完成，现场检查后2个工作日内向省绿办递交现场检查评估报告。

（4）产品抽样。现场检查合格，当时可以抽到适抽产品的，检查员依据《绿色食品产品抽样技术规范》进行产品抽样，并填写《绿色食品产品抽样单》，同时将抽样单抄送中心认证处。现场检查合格，无适抽产品的，检查员与申请人当场确定抽样计划；现场检查不合格，省绿办书面通知申请人，认证结论按不通过处理，本生产周期不再受理其申请。申请人将样品、产品执行标准、《绿色食品产品抽样单》、检测费寄送绿色食品定点产品监测机构。

（5）环境监测。省绿办自收到检查员检查报告后2个工作日内给绿色食品定点环境监测机构下发《绿色食品环境质量现状调查任务通知书》。绿色食品定点环境监测机构在收到《通知书》后2个工作日内派调查组对申请认证产品产地环境质量进行调查。调查在3个工作日内完成，调查后5个工作日内向省绿办递交调查报告。

（6）产品检测。绿色食品定点产品监测机构自收到样品、产品执行标准、《绿色食品产品抽样单》、检测费后，20个工作日内完成检测工作，出具产品检测报告，连同填写的《绿色食品产品检测情况表》，报送中心认证处，同时抄送省绿办。

（7）认证审核。省绿办自收到检查员现场检查评估报告后3个工作日内签署审查意见，并将认证申请材料、检查员现场检查评估报告及《省绿办绿色食品认证情况表》报中心认证处。中心认证处收齐省绿办报送材料后2个工作日内下发受理通知书，组织审查人员及有关专家对上述材料进行审核，20个工作日内做出审核结论，并报送绿色食品评审委员会。

（8）认证评审。绿色食品评审委员会自收到认证材料、认证处审核意见后10个工作日内进行全面评审，并做出认证终审结论。

（9）颁证。中心在5个工作日内将办证的有关文件寄送“认证合格”申请人，并抄送省绿办。申请人在60个工作日内与中心签定《绿色食品标志商标使用许可合同》，中心主任签发证书。

有机果品

◎ 申报有机果品的条件有哪些？

（1）取得国家工商行政管理部门或有关机构注册登记的法人资格；

（2）已取得相关法规规定的行政许可（适用时）；

（3）生产、加工的产品符合中华人民共和国相关法律、法规、安全卫生标准和有关规范的要求；

（4）建立和实施了文件化的有机产品管理体系，并有效运行3个月以上；

（5）申请认证的产品种类应在国家认监委公布的《有机产品认证目录》内。

◎ 有机果品生产的基本要求有哪些？

（1）生产基地在三年内未使用过农药、化肥等违禁物质；

（2）种子或种苗来自自然界，未经基因工程技术改造过；

（3）生产单位需建立长期的土地培肥、植保、作物轮作和畜禽养殖计划；

（4）生产基地无水土流失及其他环境问题；

（5）果品在收获、清洁、干燥、贮存和运输过程中未受化学物质的污染；

（6）从常规种植向有机种植转换需两年以上转换期，新垦荒地例外；

（7）生产全过程必须有完整的记录档案。

◎ 从事有机认证的机构有哪些要求？

有机产品认证机构（以下简称“认证机构”）应当经国家认证认可监督管理委员会（以下简称“国家认监委”）批准，并依法取得法人资格后，方可从事有机产品认证活动。认证机构实施认证活动的能力应当符合有关产品认证机构国家标准的要求。从事有机产品认证检查活动的检查员，应当经国家认证人员注册机构注册后，方可从事有机产品认证检查活动。

国家认监委负责全国有机产品认证的统一管理、监督和综合协调工作。地方各级质量技术监督部门和各地出入境检验检疫机构（以下统称“地方认证监管部门”）按照职责分工，依法负责所辖区域内有机产品认证活动的监督检查和行政执法工作。国家推行统一的有机产品认证制度，实行统一的认证目录、统一的标准和认证实施规则、统一的认证标志。国家认监委会定期公布符合规定的有机产品认证机构的名录，不在名录所列范围之内的认证机构不得从事有机产品的认证活动。

◎ 有机果品需要哪些申请材料？

有机果品申请时，申请人应提交以下文件资料。

（1）申请人的合法经营资质文件，如土地使用证、营业执照、租赁合同等；当申请人不是有机果品的直接生产或加工者时，申请人还需要提交与各方签订的书面合同；

（2）申请人及有机生产、加工的基本情况，包括申请人/生产者名称、地址、联系方式、产品（基地）/加工场所的名称、生产（基地）/加工场所情况；过去三年间的生产历史，包括对农事、病虫草害防治、投入物使用及收获情况的描述；生产、加工规模，包括品种、面积、产量、加工量等描述；申请和获得其他有机产品认证的情况；

（3）产地（基地）区域范围描述，包括地理位置图、地块图、面积、缓冲带，周围临近地块的使用情况的说明等；加工场所周边环境描述、厂区平面图、工艺流程图等；

（4）申请认证的有机产品生产、加工、销售计划，包括品种、面积、预计产量、加工产品品种、预计加工量、销售产品品种和计划销售量、销售去向等；

（5）产地（基地）、加工场所有关环境质量的证明材料；

（6）有关专业技术和管理人员的资质证明材料；

（7）保证执行有机产品标准的声明；

（8）有机生产、加工的管理体系文件；

（9）其他相关材料。

◎ 有机认证的程序如何？

（1）提出申请。有机产品生产者、加工者（以下统称“认证委托人”），可以自愿委托认证机构进行有机产品认证，并提交有机产品认证实施规则中规定的申请材料。

（2）文件审核。认证机构应当自收到认证委托人申请材料之日起10日内，完成材料审核，并作出是否受理的决定。对于不予受理的，应当书面通知认证委托人，并说明理由。认证机构应当在对认证委托人实施现场检查前5日内，将认证委托人、认证检查方案等基本信息报送至国家认监委确定的信息系统。

（3）实地检查。认证机构受理认证委托后，认证机构应当按照有机产品认证实施规则的规定，由认证检查员对有机产品生产、加工场所进行现场检查，并应当委托具有法定资质的检验检测机构对申请认证的产品进行检验检测。按照有机产品认证实施规则的规定，需要进行产地（基地）环境监（检）测的，由具有法定资质的监（检）测机构出具监（检）测报告，或者采信认证委托人提供的其他合法有效的环境监（检）测结论。

（4）颁证决定。符合有机产品认证要求的，认证机构向认证委托人出具有机产品认证证书，允许其使用中国有机产品认证标志；对不符合认证要求的，应当书面通知认证委托人，并说明理由。

（5）跟踪检查。认证机构按照认证实施规则的规定，对获证产品及其生产、加工过程实施有效跟踪检查，以保证认证结论能够持续符合认证要求。

（6）销售许可。认证机构向认证委托人出具有机产品销售证，以保证获证产品的认证委托人所销售的有机产品类别、范围和数量与认证证书中的记载一致。

附表　安全果品建议使用农药及使用方法

序号	农药名	商品名	主要防治对象	制剂用药量	年最多使用次数	安全间隔期（天）	允许最大残留量（mg/kg）
1	乙蒜素	抗菌剂402	癌肿病、干枯病等	80%乳油50倍液涂抹	—	—	—
2	天然除虫菊素	除虫菊素	蚜虫、叶蝉等	3%除虫菊乳油50～80倍	—	—	—
3	白僵菌	白僵菌	食心虫、刺蛾等	50亿个孢子／克300倍	—	—	—
4	矿物油	绿颖	蚧类、螨类、烟煤病等	99%乳油100～250倍液	4	45	—
5	石硫合剂	石硫合剂	冬季清园、蚧类、螨类等	3～5波美度	3	30	—
6	波尔多液	波尔多液	广谱保护性杀菌剂	0.5%～1%等量式或倍量式	—	15	—
7	氢氧化铜	可杀得101	柑橘溃疡病等	77%粉剂400～600倍液	5	30	—
8	多抗霉素	多氧霉素	黑星病、轮纹病、灰霉病	10%粉剂1000～1500倍	3	7	—
9	农用链霉素	农用链霉素	细菌性病害	10%粉剂1000～2000倍	—	15	—
10	苏云金芽孢杆菌	Bt	食心虫、刺蛾等	乳剂500～1000倍	2	15	—
11	吡虫啉	一遍净	蚜虫、梨木虱、潜叶蛾等	10%粉剂2500～5000倍	2	14	柑橘1、梨0.5

（续表）

序号	农药名	商品名	主要防治对象	制剂用药量	年最多使用次数	安全间隔期（天）	允许最大残留量（mg/kg）
12	除虫脲	敌灭灵	潜叶蛾、橘锈螨等	25%粉剂2000～4000倍	3	21	梨、柑橘1
13	啶虫脒	莫比朗	蚜虫、潜叶蛾、梨木虱等	3%粉剂2500～3000倍	1	14	柑橘0.5，其他2
14	氟虫脲	卡死克	螨类、潜叶蛾等	5%乳油1000～2000倍	2	30	柑橘0.5，梨1
15	甲氰菊酯	灭扫利	食心虫、螨类、潜叶蛾	20%乳油8000～10000倍	3	30	5
16	联苯菊酯	天王星	螨类、食心虫等	10%乳油3000～6000倍	3	10	梨0.5，柑橘0.05
17	氯氟氰菊酯	功夫	螨类、潜叶蛾、蚧类等	2.5%乳油4000～6000倍	3	21	柑橘、梨0.2，桃0.5
18	氯菊酯	扑灭司林	潜叶蛾、食心虫等	10%乳油1000～2500倍	2	3	2
19	噻嗪酮	扑虱灵	蚧类、粉虱等	25%粉剂1000～2000倍	2	35	柑橘0.5
20	辛硫磷	倍腈松	食心虫、蛾类、果蝇类等	40%乳油1000～2000倍	4	7	0.05
21	苯丁锡	托尔克	螨类	50%粉剂2000～3000倍	2	21	梨、葡萄5，桃7，柑橘1
22	螺螨酯	螨威多	螨类	24%悬浮剂4500～6000倍	1	30	柑橘0.5
23	噻螨酮	尼索朗	螨类	5%粉剂2000倍	2	30	柑橘、梨0.5，葡萄1
24	代森联	代森联	黑星病、疮痂病、霜霉病等	70%水分散粒剂1000～1750倍	4	3	柑橘3，葡萄5
25	代森锰锌	大生	广谱性杀菌剂	80%粉剂800倍	3	21	柑橘3，梨、葡萄5
26	多菌灵	多菌灵	广谱性杀菌剂	25%粉剂250～500倍	3	28	梨、葡萄3，桃2，柑橘5，橙、柚0.5

（续表）

序号	农药名	商品名	主要防治对象	制剂用药量	年最多使用次数	安全间隔期（天）	允许最大残留量（mg/kg）
27	腐霉利	速克灵	灰霉病等	50%粉剂1000～2000倍	2	14	葡萄5
28	腈苯唑	应得	褐腐病等	24%悬浮剂2500～3200倍	3	14	桃0.5，葡萄1
29	腈菌唑	腈菌唑	黑星病、黑痘病、白腐病等	40%粉剂8000～10000倍	3	7	梨0.5，葡萄1，柑橘5
30	嘧霉胺	施佳乐	灰霉病等	40%悬浮剂1000～1250倍	3	7	梨1，葡萄4，柑橘7，桃4
31	氰霜唑	科佳	霜霉病等	10%悬浮剂2000～2500倍	4	7	葡萄1
32	噻菌灵	特克多	果实贮藏病害	45%悬浮剂300～450倍（浸果）	1	10	柑橘10，仁果类3
33	三唑酮	粉锈宁	锈病、白粉病等	15%粉剂1000～1500倍	2	21	梨0.5，柑橘1
34	戊唑醇	戊唑醇	黑星病、灰霉病等	25%水浮剂1000～1500倍	3	42	柑橘、葡萄、桃2，梨0.5
35	烯酰吗啉	安克	霜霉病等	50%粉剂1500倍	3	2	葡萄5
36	异菌脲	扑海因	灰霉病、黑星病等	50%悬浮剂750～1000倍	3	14	梨5，葡萄10
37	抑霉唑	烯菌灵	果实贮藏病害	50%乳油1000～2000倍（浸果）	1	60（上市）	柑橘、仁果类5
38	阿维菌素	爱福丁	螨类、木虱等	1.8%乳油4000～6000倍	2	14	柑橘、梨0.02
39	哒螨灵	速螨灵	螨类	15%乳油1500～3000倍	2	10	柑橘2

（续表）

序号	农药名	商品名	主要防治对象	制剂用药量	年最多使用次数	安全间隔期（天）	允许最大残留量（mg/kg）
40	唑螨酯	霸螨灵	螨类	5%悬浮剂1000～2000倍	2	15	柑橘0.2
41	炔螨特	克螨特	螨类	73%乳油2000～3000倍	3	30	5
42	三唑锡	倍乐霸	螨类	20%悬浮剂1000～2000倍	2	30	柑橘2，梨0.2
43	双甲脒	螨克	螨类	20%乳油1000～2000倍	3	20	0.5
44	氟硅唑	福星	黑星病、白腐病、白粉病等	40%乳油8000～10000倍	2	21	梨、桃0.2，葡萄0.5
45	烯唑醇	速保利	黑星病、黑痘病、白腐病等	12.5%粉剂3000～4000倍	3	21	梨0.1，葡萄0.2，柑橘1
46	氯苯嘧啶醇	乐必耕	黑星病、锈病、白粉病等	6%粉剂1000～1500倍	3	14	梨0.3
47	丙森锌	丙森辛	霜霉病等	70%粉剂400～600倍	4	14	葡萄、梨5
48	百菌清	百菌清	白粉病等	75%粉剂600～700倍	3	21	葡萄0.5，梨、柑橘1
49	苯醚甲环唑	世高	轮纹病、锈病、炭疽病等	10%水分散剂6000～7000倍	3	14	梨、桃0.5，柑橘0.2
50	咪鲜胺	施保克	果实贮藏病害	25%乳油500～1000倍（浸果）	1	14	柑橘5，葡萄2

注：1. 表中所列农药第1～10允许在AA级绿色食品生产中使用，第11～37允许在A级绿色食品生产中使用，第38～50只允许在无公害食品生产中使用

2. 国家新禁用的农药自动从表中删除，任何农药产品都不得超过农药登记批准的使用范围使用

参考文献

[1] 张真 . 绿色农产品生产指南 [M]. 北京：中国环境科学出版社，2002. 5.
[2] 赵春生，江灵燕，龚建春，等 . 有机农业基础知识 [M]. 北京：中国农业大学出版社，2006. 5.
[3] 高文胜，秦旭 . 无公害果园首选农药 100 种 [M]. 北京：中国农业出版社，2013. 10.
[4] 励建荣，张立钦 . 绿色食品概论 [M]. 北京：中国农业科学技术出版社，2002. 7.
[5] 刘嘉芬，果树施肥技术专家答疑 [M]. 济南：山东科学技术出版社，2013. 8.
[6] GB/T 18407. 2-2001，农产品安全质量 无公害水果产地环境要求 [S]. 2001.
[7] NY/T 391-2013，绿色食品 产地环境质量 [S]. 2013.
[8] NY/T 393-2013，绿色食品 农药使用准则 [S]. 2013.
[9] NY/T 394-2013，绿色食品 肥料使用准则 [S]. 2013.
[10] GB/Z 26580-2011，柑橘生产技术规范 [S]. 2011.
[11] NY/T 2044-2011，柑橘主要病虫害防治技术规范 [S]. 2011.

[12] NY/T 975-2006，柑橘栽培技术规程 [S]. 2006.
[13] LY/T 2127-2013，杨梅栽培技术规程 [S]. 2013.
[14] DB33/T 372.2-2008，无公害杨梅生产技术规程 [S]. 2008.
[15] DB3302/T 091-2010，杨梅贮运保鲜技术规程 [S]. 2010.
[16] NY/T 5088-2002 无公害食品鲜食葡萄生产技术规程 [S]. 2002.
[17] DB331081/T 35.1-2011，温岭葡萄第1部分：栽培技术 [S]. 2011.
[18] NY/T 1998-2011，水果套袋技术规程鲜食葡萄 [S]. 2011.
[19] GB/T 16862-2008，鲜食葡萄冷藏技术 [S]. 2008.
[20] NY/T 442-2013，梨生产技术规程 [S]. 2013.
[21] DB33/T 468. 3-2004，无公害枇杷第3部分：生产技术规程 [S]. 2004.
[22] DB331003/T 18. 2-2010，黄岩枇杷第2部分：生产技术规程 [S]. 2010.
[23] NY/T 5114-2002，无公害食品桃生产技术规程 [S]. 2002.
[24] DB33/T 793-2010，水蜜桃安全生产技术规程 [S]. 2010.
[25] GB 2763-2014，食品中农药最大残留限量 [S]. 2014.